Kamlesh N. Nakum
Pushpendra Singh
Tushar V. Ghevariya

Estudo da doença do míldio cinzento do cajueiro causada por P. anacardii

Kamlesh N. Nakum
Pushpendra Singh
Tushar V. Ghevariya

Estudo da doença do míldio cinzento do cajueiro causada por P. anacardii

Investigação sobre a doença do míldio cinzento do cajueiro(Anacardium occidentale L.) causada por Pestalotia anacardii

ScienciaScripts

Imprint
Any brand names and product names mentioned in this book are subject to trademark, brand or patent protection and are trademarks or registered trademarks of their respective holders. The use of brand names, product names, common names, trade names, product descriptions etc. even without a particular marking in this work is in no way to be construed to mean that such names may be regarded as unrestricted in respect of trademark and brand protection legislation and could thus be used by anyone.

Cover image: www.ingimage.com

This book is a translation from the original published under ISBN 978-620-8-06539-3.

Publisher:
Sciencia Scripts
is a trademark of
Dodo Books Indian Ocean Ltd. and OmniScriptum S.R.L publishing group

120 High Road, East Finchley, London, N2 9ED, United Kingdom
Str. Armeneasca 28/1, office 1, Chisinau MD-2012, Republic of Moldova, Europe
Printed at: see last page
ISBN: 978-620-8-14035-9

ÍNDICE

I. INTRODUÇÃO

O caju (Anacardium occidentale L.) é uma importante cultura arbórea tropical. Pertence à família das Anacardiaceae, que inclui cerca de 60 géneros e 400 espécies, entre as quais se incluem a manga (Mangifera indica L.) e o pistácio (Pistacia vera L.). Os cajueiros são árvores de folha perene e podem crescer rapidamente até 20 m, mas geralmente atingem 8-12 m de altura. O Anacardium occidentale L. é uma espécie andromonóica, com flores masculinas e hermafroditas na mesma planta e na mesma panícula. Os Estados produtores de caju na Índia são Maharashtra, Andhra Pradesh, Karnataka, Gujarat, Orissa e Bengala Ocidental. A área de cultivo de frutos na Índia em 2004-05 foi de 49,64 lakh hectares com uma produção anual de 49295 milhares de toneladas métricas de frutos. A área de cultivo de caju na Índia era de 8,55 lakh hectares, com uma produção anual de 5,73 lakh toneladas métricas de castanha de caju em bruto. Maharashtra é um estado muito avançado em termos de horticultura, que ocupa uma grande área (13,46 lakh hectares) com culturas frutícolas. O Estado possui uma área de 164 000 hectares de caju, que cobre 19,20% da área total de caju. A região de Konkan, em Maharashtra, que inclui os distritos de Thane, Raigad, Ratnagiri e Sindhudurg, é a principal zona de cultivo de caju no Estado. O caju é uma das principais culturas de exportação, que representa cerca de 2515 milhões de rupias, contribuindo com cerca de 1,5 por cento do total das exportações indianas. A Índia ocupa o segundo lugar no comércio internacional entre os principais frutos secos comestíveis, a seguir ao Vietname. Durante as duas últimas décadas, ganhou o estatuto de cultura hortícola. A Índia tem a distinção de ser o maior produtor mundial de castanha de caju. As amêndoas de caju comestíveis são utilizadas como petisco há séculos. São utilizadas como um ingrediente importante na doçaria e na culinária, nomeadamente na cozinha asiática. O caju é também utilizado como ingrediente em chocolate, bolachas e gelados. Recentemente, o leite de caju também se tornou popular como substituto do leite sem lactose. Tal como os outros frutos secos, os cajus são saudáveis e estão repletos de minerais e nutrientes, como o fósforo, o cobre e o magnésio, que não se encontram habitualmente noutros alimentos. Os cajus, juntamente com os pistácios, têm o menor teor de gordura entre os frutos secos. Quase 80% da gordura dos cajus é insaturada, o que ajuda a manter níveis saudáveis de colesterol. Também são ricos em tocoferóis e fitoesteróis.

A amêndoa de caju encontra-se dentro de uma casca, que contém um óleo fenólico não comestível, também conhecido como líquido da casca da castanha de caju (CNSL), que tem amplas utilizações industriais devido às suas propriedades polimerizantes e redutoras de fricção. A castanha fica pendurada debaixo de um falso fruto comestível chamado maçã de caju, que é muito rico em vitamina C. O fruto pode ser consumido fresco, misturado em saladas de frutas ou transformado em sumo, que pode ser destilado para produzir bebida alcoólica. O cajueiro é afetado por algumas doenças, como a morte do cajueiro (Corticium salmonicolor), o abandono de plântulas (Pusarium sp, Pyihium sp, Phyiophtora palmivora e Cylindrocladium scoparium), a praga cinzenta das folhas (pestalotia anacardii), a mancha foliar (Cryptosporiopsis sp.), mancha angular (Septoria anacardii), antracnose (Colletotrichum gloeosporoides), oídio (Oidium anacardii Noack). Entre as várias doenças fúngicas, o míldio cinzento das folhas é uma doença importante e é frequentemente observada durante a estação das monções. O aumento da intensidade de ano para ano pode tornar-se um grande obstáculo. Provoca uma forte desfoliação das folhas com redução da atividade fotossintética. A doença pode matar os ramos mais pequenos, afectando o desenvolvimento das flores e dos frutos e provocando enormes perdas económicas. Identificar a fase adequada da cultura em que pode ser empreendido um programa de "gestão integrada das doenças" ecologicamente correto e economicamente viável é uma tarefa importante para a economia das culturas. Tendo em conta a gravidade da doença e a importância económica da cultura nesta área, as presentes investigações foram empreendidas para estudar o comportamento da doença e gerar a informação necessária para medidas de gestão adequadas que minimizem as perdas de culturas e para desenvolver informação científica sobre os seguintes aspectos:

i. Isolamento, purificação e identificação do agente patogénico.

ii. Sintomatologia e morfologia do agente patogénico.

iii. Estabelece a patogenicidade.

iv. Estudos fisiológicos.

v. Controlo biológico.

vi. Controlo químico.

II. REVISÃO DA LITERATURA

2.1 Isolamento e sintomatologia:

Sarkar (1960) descreveu os sintomas produzidos por P. guepinii na manga. Segundo ele, as manchas castanhas na lâmina das folhas de manga eram mais frequentes durante a estação das monções. Podem desenvolver-se a partir das margens ou da ponta mas, nalguns casos, distribuem-se irregularmente por toda a folha. Inicialmente, as manchas eram castanhas e minúsculas, aumentando gradualmente de tamanho e tornando-se de cor escura. Muitas vezes, algumas das manchas aumentam consideravelmente de tamanho, formando grandes lesões, em que a região central se torna branco-acinzentada ou cinzento-azeitona claro, com um anel circundante de cor bronzeada. Nesta fase, podem ser visíveis a olho nu manchas negras de picnídios na região central, mais na superfície superior da folha. Se a infeção começa na ponta, avança regularmente de cada lado da nervura central. Finalmente, a parte infetada desprende-se da folha após 3 a 4 meses. A desfolha segue-se em casos de infeção grave. Agarwal e Hasija (1974) isolaram Pestalotiopsis versicolor (Speg.) Steyaert de citrinos infectados. Patel (1988) isolou Pestalotiopsis mangiferae (Henn.) Steyaert de folhas de mangueira infectadas por mancha foliar cinzenta em meio PDA. Observaram que, inicialmente, os sintomas eram pequenas manchas de cor preta escura a castanha clara, inicialmente desenvolvidas a partir da margem ou da ponta das folhas, mas, nalguns casos, estas manchas estavam distribuídas irregularmente nas folhas de manga. Mais tarde, a área infetada muda para uma cor castanha olivácea. Quando as condições são favoráveis, as manchas coalescem, envolvendo uma área maior, o que leva ao míldio e, por fim, à queda das folhas. Gelhot e Purohit (2002) isolaram Pestalotia palmarum (Cooke) Steyaert de folhas infectadas de Phoenix sylvestris em meio PDA. Os sintomas da doença, que consistem em ferrugem e secagem dos ramos de avelã (Corylus avellana), foram observados durante vários anos na Turquia. As folhas murcham e secam, e os rebentos tornam-se castanhos, especialmente nos ramos jovens. Os mesmos sintomas foram também observados recentemente num ramo doente de nogueira (Juglans regia), tendo sido isolado o mesmo fungo. Este foi o primeiro relato de P. guepinii causando o míldio em galhos de avelã e nogueira na Turquia (Karaca e Erper, 2001). Khalequzzamman et al. (2003) registaram Pestalotia sapotae (Henn.) a causar a mancha foliar da sapota. Observaram que a doença apareceu pela primeira vez como numerosas manchas pequenas, castanho-avermelhadas, na lâmina foliar, que aumentaram gradualmente para formar manchas mais ou menos circulares, medindo 1 -3 mm de diâmetro. Kyada (2006) observou que o início dos sintomas foi observado nas pontas das folhas de mangueira, a partir da margem da lâmina ou como manchas minúsculas espalhadas na lâmina foliar. Gradualmente, a infeção avançou em ambas as margens das folhas, espalhando-se por toda a folha e cobrindo a maior parte das áreas da folha. Assim, num curto período de tempo, a cor da folha passa de verde a castanho e, por fim, a cinzento prateado com pontos pretos semelhantes a cabeças de alfinete, com o progresso da doença, as folhas secam e perdem a sua fixação ao galho, tendo-se finalmente verificado a desfoliação. A árvore afetada apresentou um grau variável de deterioração das folhas, murchamento das pontas, desfoliação, acompanhada de descoloração cinzenta prateada e morte. A maior parte das folhas estava seca, o que acabou por provocar o míldio cinzento em toda a árvore, tendo-se verificado a desfolha. Rokade (2009) observou que o míldio cinzento apareceu pela primeira vez no campo sob a forma de minúsculas manchas amarelas rodeadas por uma faixa acinzentada nos folíolos. Mais tarde, estas manchas coalescem em manchas necróticas irregulares. Gradualmente, o centro torna-se branco acinzentado e a faixa castanha escurece. Em caso de infeção grave, ocorre uma secagem completa e o encolhimento da lâmina foliar.

2.2 Patogenicidade

Agarwal e Hasija (1974) provaram a patogenicidade de Pestalotiopsis versicolor (Speg.) Steyaert, que causa a podridão dos frutos dos citrinos, picando os frutos com uma agulha e inoculando com uma suspensão de esporos. Patel (1988) estudou a patogenicidade provada por um método de inoculação artificial nas folhas, nomeadamente, ferimento por picada de alfinete, escova de dentes e pulverização com água esterilizada, que serviram de controlo. Entre os vários métodos de inoculação experimentados, a lesão por escova de dentes foi considerada mais eficiente na comprovação da patogenicidade, resultando numa infeção bem sucedida nas folhas da mangueira. Karaca e Erper (2001) comprovaram a patogenicidade em avelãs (Corylus avellana) com dois anos de idade e em nogueiras (Juglans regia) com cinco anos de idade. Três fungos patogénicos, Pestalotiopsismangiferae, Botryodiplodia theobromae [Lasiodiplodia theobromae] e Macrophoma mangiferae, foram isolados de manchas foliares e foram considerados patogénicos em testes de inoculação artificial. Outros fungos, Fusariella spp., que são saprófitas bem conhecidos de materiais vegetais mortos, e o fungo Meliola sp. também foram isolados de folhas infectadas. Os testes de patogenicidade mostraram que P. mangiferae, B. theobromae e M. mangiferae eram os agentes causais das doenças fúngicas da mancha foliar. Os sintomas desenvolveram-se 5 semanas após a inoculação de folhas saudáveis (Okigbo e Osuinde, 2003). Kyada (2006) efectuou um ensaio de patogenicidade através da inoculação artificial de P. guepinii em folhas de mangueira, esfregando pó de carborandom na folha para perfurar o tecido das folhas e utilizar para provar a patogenicidade. Quatro a cinco dias após a inoculação, a área da folha desenvolveu-se em pequenas manchas verde-azeitona, que finalmente se tornaram acastanhadas a cinzentas prateadas e aumentaram de tamanho. No espaço de 10 dias, produziram-se corpos picnidiais negros e erumpentes na superfície superior. Pandey et al. (2006) provaram a patogenicidade de Pestalotiopsis mangiferae (Henn.) Steyaert, causadora do cancro do caule de Jatropha curcas L., através do método de inoculação de plântulas e confirmaram a presença de um fungo em folhas de Jatropha curcas L. Ko et al. (2007) realizaram testes de patogenicidade com discos miceliais com 3 dias de idade e suspensão conidial (105 conídios por ml) obtidos de culturas com 8 a 10 dias de idade de Pestalotiopsis mangiferae. Foram observados sintomas semelhantes aos das folhas infectadas das quais o agente patogénico foi isolado em todas as folhas inoculadas, enquanto as folhas não inoculadas permaneceram completamente isentas de sintomas. O reisolamento das folhas inoculadas produziu consistentemente P. mangiferae, cumprindo assim os postulados de Koch. Rokade (2009) estudou a patogenicidade comprovada por métodos de inoculação artificial em folhas, nomeadamente, ferimentos por picada de alfinete, escova de dentes e pulverização de suspensão de esporos. Entre os vários métodos de inoculação experimentados, apenas a lesão por picada de alfinete foi considerada mais eficiente na comprovação da patogenicidade e resultou numa infeção bem sucedida nas folhas de coqueiro.

2.3 Os caracteres morfológicos do agente patogénico

Agarwal e Hasija (1974) referiram que Pestalotiopsis versicolor (Speg.) Steyaert, que provoca a podridão dos citrinos, produziu em cultura acérvulos de cor escura e conídios nascidos em pequenos conidióforos. Os conídios tinham 3 a 5 septos, a maioria 4 septos, células centrais de cor escura e células terminais hialinas. Três cílios estavam presentes na extremidade apical. Os conídios mediam 15-25 × 3,3-5 μ, com média de 20 × 4,5 μ.Três cílios estavam presentes na extremidade apical.Patel (1988) observou que o fungo Pestalotiopsis mangiferae produz micélio ramificado, septado e hialino. Os conidióforos são muito curtos, cilíndricos, ramificados na base ou acima. Os acérvulos são pretos, globosos e medem 25,2 - 34,8 mm de diâmetro, conídios de cinco células, rectos ou ligeiramente curvos e medindo 20,3 - 23,2 x 5,8 µm (Av.22,04 - 5,8µm) Um fungo com micélios brancos produzindo numerosos acérvulos com gotículas pretas de massas de esporos isoladas dos tecidos das folhas de avelã. Os conídios tinham 21,2 -26,1 x 6,8-8,1 µm, com células medianas escuras, quatro septos transversais, 2 ou mais apêndices apicais com 16,5-26,1 µm de comprimento e um apêndice basal com 4,2 -7,8 µm de comprimento. O fungo foi identificado como Pestalotiopsis guepinii (Karaca e Erper, 2001). Estudos de microfotografia eletrónica da ultraestrutura conidial de Pestalotiopsis palmarum isolado das folhas de Phoenix sylvestris revelaram que o desenvolvimento do conídio primário era holoblástico, enquanto a formação de conídios sucessivos era enteroblástica. Foram detectadas três células coloridas de paredes espessas médias entre duas células hialinas de paredes finas. O citoplasma de cada célula mediana tem um núcleo e numerosas mitocôndrias e pequenos vacúolos. Cada conídio tem uma parede distinta com uma zona externa melanizada e eletronicamente densa. As células hialinas apicais e basais apresentaram citólise e estavam desprovidas de conteúdo citoplasmático. O apêndice basal desenvolve-se endogenamente como uma extensão da zona hialina interna da célula hialina basal, enquanto os apêndices apicais se desenvolvem durante a iniciação do conídio a partir da extensão da zona hialina interna da célula hialina apical. Os apêndices apicais ramificam-se numa fase posterior. Estudos de microscopia eletrónica de varrimento mostraram que os conídios eram de superfície lisa, com células coloridas medianas inferiores enrugadas. Os resultados indicam que os hifomicetos e os celomicetos apresentam um padrão semelhante de conidiogénese anelídica (Gehlot e Purohit, 2002). Murugan e Muthumary (2003) relataram que o fungo Pestolotiopsis uvicola (Spegazzini) Bissett, causador da doença da mancha foliar de Cinnamomum wighti Meissn. em cultura, produziu acérvulos como manchas pretas redondas, com 0,5 -0,8 cm de diâmetro, acérvulos globosos-lenticulares, pretos, erumpentes, com 150-300 µm de diâmetro. Conídios 5 -celulares, delgados, fusiformes a elípticos, 18-25 × 5,5-7,5 µm eretos ou levemente curvados, dificilmente constritos nos septos; células apicais cônicas longas a cilíndricas, com uma crista de 3 e raramente 2 setas filliformes ou apêndices apicais geralmente até 13 µm, às vezes até 22 µm de comprimento, muitas vezes distintos na base, pedicelos divergentes ou apêndices basais tinham até 7 µm de comprimento. Kyada (2006) observou que o fungo Pestalotiopsis guepinii produziu inicialmente um crescimento cotonoso, branco e fofo em ágar dextrose de batata, que cobriu a placa de Petri (90 mm de diâmetro) em 7 a 8 dias a 28 ± 10°C em condições húmidas. Os micélios eram hialinos, septados, os conidióforos eram muito curtos, cilíndricos a lageniformes, ramificados na base ou acima, e alguns corpos picnidiais pretos foram observados claramente na superfície superior, enquanto que na superfície inferior também podiam ser vistos mantendo a placa contra a luz. Os corpos de frutificação foram agrupados após sete dias de incubação. Os picnídios eram pretos, sub-globosos a globosos com periferia irregular. Os corpos picnidiais mediam 171,6 -343,2 X 214,5- 429 µm.Ko et al. (2007) isolaram Pestalotiopsis mangiferae (Henn.) Steyaert de folhas de manga infectadas em meio de ágar dextrose de batata (PDA) incubado a 25 ± 1°C. Numerosos acérvulos negros, medindo 290 a 328 (mm de diâmetro, foram encontrados desenvolvidos nas áreas necróticas cinzentas das lesões maduras. Inicialmente, o fungo cresceu (3 mm por dia) em PDA como uma colónia branca e calcária que, subsequentemente, se tornou cinzenta após 2 semanas. Os acérvulos desenvolveram-se em cultura após exposição contínua à luz durante 9 a 12 dias a 20 a 30°C. Abundantes conídios escorreram do acérvulo como uma massa cremosa. Os conídios (17,6 a 25,4 um de comprimento e 4,8 a 7,1 um de largura) eram fusiformes e geralmente rectos a ligeiramente curvos com quatro septos. Três células medianas eram oliváceas e maiores do que as células hialinas apicais e basais. As células apicais tinham três (raramente quatro) apêndices cilíndricos.Rokade (2009) estudou P. palmarum que era branco-algodão com acérvulos pretos, micélio branco fofo, hifas hialinas, septadas, ramificadas, 2,2 -3,3 µm de largura, acérvulos pequenos, pretos, circulares, dispersos, conídios pentacelulares, 20-27,5 × 7,5-10 µm (média 23,125 × 8,214 µm).

2.4 Investigação fisiológica:

2.4.1 Procura de meios de cultura superiores para o crescimento e esporulação de agentes patogénicos in vitro.

Sarakar (1960) relatou que o fungo Pestalotia sp. cresceu bem em ágar batata dextrose, ágar Czapex Dox, ágar Richard, ágar farinha de aveia e ágar decocção, com crescimento conidial abundante em PDA, Richard e Czapek Dox e moderado em ágar farinha de aveia e ágar decocção. Upadhyay e Dwivedi (1980) relataram que Pestalotiopsis funerea (Desm.) Steyaert, causadora da mancha foliar de Eucalyptus globulus Labill, cresceu melhor em meios de extrato de malte e Czapeck's Dox +0,05% de extrato de levedura, enquanto que se verificou uma excelente esporulação em meios de farinha de milho, extrato de hospedeiro, dextrose de batata e extrato de malte. Patel (1988) relatou um crescimento micelial significativamente mais elevado de Pestalotiopsis mangiferae (Henn.Ghani e Tandon (1989) relataram que o meio de Richard era o melhor para a cultura de Pestalotiopsis disseminata (Thum.) Steyaert, causadora da mancha foliar do pessegueiro.Mishra e Chhotaray (1989) relataram que o crescimento e a esporulação de Pestalotiopsis mangiferae (Henn.Taehyun et al. (1998) referiram que a germinação conidial de Pestalotiopsis theae (Sawada) Steyaert, causadora do míldio foliar do diospireiro, foi superior a 90% em PDA, ágar batata-sacarose, ágar farinha de aveia e ágar leoniano.Hopkins e Mcquilken (2000) referiram que os isolados de Pestalotiopsis sydowiana (Bres.) B. Sutton cresceram bem em PDA, ágar Sabouraud dextrose (SDA), ágar sumo de V8, ágar extrato de malte (MEA) e ágar Czapeck's Dox (CDA). Younis (2004) referiu que, de entre os vários meios testados, o meio PDA proporcionou um crescimento micelial máximo e a produção de acérvulos de Pestalotia psydii (Pat.) Mordue, causando o dieback da goiaba (Psidium guajava L.). Kyada (2006) observou que o meio de Richard, o ágar de farinha de milho e o ágar dextrose de batata no estado sólido e as soluções de Richard no estado líquido são os melhores meios para o crescimento e a esporulação de P. guepinii. Rokade (2009) testou oito meios sólidos semi-sintéticos e sintéticos e meios líquidos testados O ágar dextrose de batata no grupo semi-sintético, o ágar de Richards e o ágar de Czapeck (Dox) no grupo sintético revelaram-se significativamente superiores aos restantes meios para o crescimento e a esporulação de P. palmarum.

2.4.2 Efeito da temperatura no crescimento e esporulação do agente patogénico in vitro.

Sarakar (1960) referiu que o fungo Pestalotia sp. era capaz de crescer a temperaturas entre 10 e 35° C e a temperatura óptima situa-se entre 20-25 oC. A gama de temperaturas para a germinação de esporos foi de 10-34o C, com uma temperatura óptima de 30o C. Tandon (1961) registou uma diferença significativa entre os níveis de temperatura no crescimento micelial e na esporulação de P. mangiferae isolado da manga. O tapete micelial máximo foi colhido a uma temperatura de 250C, seguido de 300C, e a esporulação foi mais elevada a 250C. Swain (1975) e Pandey e Mohammad (1975) também registaram resultados semelhantes. De acordo com Mishra e Chhotaray (1989), P. mangiferae podia crescer e esporular melhor a temperaturas que variavam entre 25-300 C. Patel (1988) testou dezoito fitoextratos de quinze espécies de plantas com e sem esterilização, analisadas in vitro pelo método do disco de papel de filtro, que revelou que nenhum dos fitoextratos esterilizados era inibidor do fungo, enquanto que no caso de fitoextratos não esterilizados quatro fitoextratos viz, bolbo de alho (Allium sativum L.), pervinca (Vinca rosea), frutos e folhas de datura (Datura stramonium) revelaram-se inibidores do crescimento de P. mangiferae e a zona de inibição foi máxima no bolbo de alho. P. mangiferae causa o míldio foliar e manchas castanhas da manga em Konkan e Maharashtra, na Índia. A doença foi registada sobretudo no verão, a uma temperatura de 28-30° C. P. mangiferae cresceu bem in vitro em condições de luz contínua ou de luz e escuridão alternadas. A luz desempenhou um papel importante na esporulação. A temperatura óptima para o crescimento foi de 27-30° C (Sawant e Raut, 1995). Kyada (2006) observou que a temperatura óptima para o crescimento máximo e a esporulação de P. guepinii foi estudada submetendo as placas de cultura PDA inoculadas a diferentes temperaturas, variando de 5 a 45°C. O diâmetro máximo da colónia fúngica foi registado a 25°C e 30° C durante 7 dias de incubação, ao passo que o fungo não conseguiu crescer a ≤ 5° C.

2.4.3 Efeito do pH no crescimento e esporulação do agente patogénico in vitro.

Sarakar (1960) referiu que Pestalotia sp. crescia bem e que o melhor crescimento micelial com esporulação intensa ocorria entre pH 5,5-6,0. Upadhyay e Dwivedi (1980) referiram que a Pestalotiopsis funerea (Desm.) Steyaert, causadora da mancha foliar do Eucalyptus globulus Labill, crescia melhor numa gama óptima de pH de 4-11, sendo o pH ótimo 6. Ghani e Tandon (1989) referiram que o crescimento máximo e a excelente esporulação de Pestalotiopsis disseminate, causadora da mancha foliar do pessegueiro, ocorreram a um pH de 5,5 em meio de Richard. Mishra e Chhotaray (1989) referiram que o crescimento e a esporulação de Pestalotiopsis mangiferae (Henn.) Steyaert, causadora da doença do míldio cinzento da mangueira, foram melhores a um pH de 5 em meio de Richard a 25-300C. Bera e Purukayastha (1992) referiram que o pH ótimo para o crescimento de três isolados de Pestalotiopsis versicolor (Speg.) Steyaert de plantas de mangue que crescem em sunderbans de Bengala Ocidental era de 5,5, 4,5 e 5, respetivamente. Taehyun et al. (1998) referiram que o pH ótimo para a germinação de conídios de Pestalotiopsis theae (Sawada) Steyaert, que causa o míldio foliar em diospireiros na Coreia, era de 5 pH. Hopkins e Mcquilken (2000) referiram que o crescimento hifal de Pestalotiopsis sydowiana (Bres.) B. Sutton ocorreu melhor a pH 5,5. Younis et al. (2004) registaram um crescimento máximo de colónias de Pestalotia psydii (Pat.) Mordue, causando a morte da goiaba (Psidium guajava L.), a pH 6,5 seguido de 6. Kyada (2006) registou que o fungo Pestalotiopsis guepinii crescia bem a pH entre 3 e 8, mas pH 5,5 era ótimo para o crescimento e esporulação abundante. Rokade (2009) estudou oito regimes de pH diferentes e revelou que o fungo produziu o máximo de peso micelial seco com boa esporulação em pH variando de 5,0 a 6,0 contra P. palmarum.

2.5 Medidas de gestão

2.5.1. Gestão biológica

2.5.1.1 Efeito dos antagonistas contra o agente patogénico in vitro.

Urbasch (1985) relatou que Trichothecium roseum (Pers.) Link actua como antagonista de Pestalotia funerea (Desm.) Steyaert em Thuja occidentalis (L.). A pulverização de uma suspensão de esporos de Trichoderma harzianum controlou eficazmente a doença no campo de coqueiros (Karthikeyan et al., 2002). A incidência de doenças fúngicas da mancha foliar na manga no sudeste da Nigéria durante 1999-2001 e o potencial de Bacillus subtilis como agente de controlo biológico foram investigados. Bacillus subtilis NCIB 3610, isolado do solo debaixo de uma mangueira, inibiu Pestalotiopsis mangiferae , Botryodiplodia theobromae e Macrophoma mangiferae em 57, 61 e 58 por cento, respetivamente, em placas de ágar. Em experiências in vivo, os sintomas foram consideravelmente reduzidos no campo pela aplicação dos antagonistas. Kyada (2006) relatou as acções antagonistas de onze estirpes/espécies de Trichoderma spp. foram avaliadas contra o fungo testado através da técnica de cultura dupla e observou que todos os agentes de controlo biológico foram significativamente superiores na inibição do crescimento do fungo testado em relação ao controlo. A inibição máxima (93,57%) foi registada em T. harzianum-IV e mostrou um forte antagonismo em relação ao agente patogénico. Seguiram-se o T. hamatum (93,47%), o T. harzianum-V (91,14%), o T. harzianum-I (85,23%), o T. harzianum-III (84,66%) e o T. harzianum-II (84,38%), que revelaram um antagonismo moderado, respetivamente. T. koningii (83,92%), T. harzianum-IV (83,38%), T. viride-I (81,02%) e Gliocladium virens (79,82%) apresentaram um bom antagonismo contra o agente patogénico. Jeamjitt et al. (2007) relataram que seis isolados de Sordaria fimicola (Roberge ex Desm.) Ces. & De Not podiam inibir mais de 50% do crescimento micelial de Pestalotiopsis guepinii (Desm.) Steyaert , Colletotrichum capsici (Syd.) Butler e Bisby, Curvularia lunata (Wakker) Boedijn, Alternaria alternata (Fr.) Keissl.) Keissl. e Fusarium oxysporium Sydner & Hansen.Ping et al. (2007) referiram que, através do método de cultura dupla, o efeito antagonista das bactérias é mais elevado, seguido de Trichoderma sp. e de leveduras, por último, contra Pestalotiopsis sp. que infecta pinheiros. Sanjay et al. (2008) referiram que os agentes de biocontrolo como Trichoderma sp., Gliocladium sp. e Pseudomonas sp. proporcionaram um controlo satisfatório quando aplicados contra Pestalotiopsis spp. que causa a doença do míldio cinzento do chá. Rokade (2009) estudou a interação de antagonistas conhecidos através de uma cultura dupla, com o agente patogénico na periferia e o agente patogénico no centro, técnica que revelou um forte antagonismo de Pseudomonas fluorescens Migula. Trichoderma viride Pers. e Trichoderma harzianum Rifai. contra P. palmarum.

2.5.1.2 Efeito de produtos botânicos contra o agente patogénico in vitro.

Patel (1988) testou dezoito fitoextratos de quinze espécies de plantas com e sem esterilização in vitro pelo método do disco de papel de filtro, que revelou que nenhum dos fitoextratos esterilizados era inibidor do fungo, enquanto no caso de fitoextratos não esterilizados, quatro fitoextratos viz, Rai (1996) referiu que, entre 17 extractos de plantas medicinais, a atividade antifúngica foi demonstrada por Eucalyptus globulus Labill (88%) e Catharanthus roseus (L.) G.Don (88%), seguidos por Ocimum sanctum (85.50%), Azadirachta indica (84,66%), Ricinus communis (L.) (75%) e Lawsonia inermis (L.) (74,33%) contra Pestalotiopsis mangiferae (Henn.) Steyaert que causa a doença da mancha foliar da manga.Rokade (2009) estudou fitoextratos de oito espécies de plantas avaliadas in vitro contra P. palmarum, revelando um crescimento micelial significativamente mais baixo do agente patogénico no extrato de alho (Allium sativum L.), que foi considerado superior aos restantes. Os melhores fitoextratos seguintes foram os de neem (Azardirachta indica Juss.), seguidos de curcuma (Curcuma longa L.)

2.5.1.3 Efeito de fungicidas contra o agente patogénico in vitro.

Das e Mahanta (1985) verificaram que, de 14 fungicidas testados, Bavistin 50% WP inibiu completamente o crescimento de P. palmarum (Cooke) Steyaert a 100, 200, 300, 400 e 500 ppm e Dithane M-45 a 500 ppm.

Verificaram também que o Blitox-50 50% WP (CuOCl) era menos eficaz na inibição do crescimento micelial de P. palmarum. Patel (1988), ao analisar fungicidas in vitro pelo método do disco de papel de filtro, indicou que bavistin, agrozim, jkstein, difolaton e topsin-M eram altamente fungitóxicos para P. mangiferae, em todas as concentrações testadas, sendo o efeito mais pronunciado em concentrações mais elevadas.Suriachandraselvan et al. (1993) referiram que, de entre 11 fungicidas testados, o carbendazim 50% WP, o tiofenato metílico 70% WP e o tridemorfe 80% EC inibiram completamente o crescimento micelial de P. palmarum (Cooke) Steyaert a concentrações de 0,05, 0,10, 0,20 e 0,30 %. A capacidade do carbendazim, do oxicloreto de cobre, do difolatan e da mistura de Bordéus para inibir o crescimento de fungos (Pestalotiopsis spp.) foi determinada in vitro por Sawant e Raut (1995).

Karthikeyan e Bhaskaran (1999) relataram que carbendazim, tiofenato de metilo e mancozebe a uma concentração de 500 ppm inibiram completamente o crescimento micelial de Pestalotiopsis palmarum (Cooke) Steyaert, causador do míldio foliar do coqueiro, em condições in vitro. Thiram 75% WS a 1000 ppm, Tridemorph e Ziram 80% WP a 3000 ppm também foram eficazes na supressão do crescimento do fungo. Khalequzamman et al. (2003) observaram que, de entre seis fungicidas, Bavistin 50% WP (carbendazim) 0,1% e Dithane M-45 (mancozeb) 0,2% foram considerados melhores no controlo da mancha foliar da sapota causada por Pestalotia sapotae (Henn.) Steyaert. Younis et al. (2004) referiram que Score 250 EC, Dolomite 580 WP, Dithane M-45 (mancozeb) e Diesomil Platinum 72 WP reduziram significativamente o crescimento de colónias de Pestalotia psydii (Pat.) Mordue em comparação com o controlo. Kyada (2006) referiu que os fungicidas sistémicos, tanto o carbendazim como o tiofanato metílico, foram mais eficazes e inibiram o crescimento do fungo em cerca de um por cento. No caso dos fungicidas não sistémicos, o mancozebe (97,04%) foi o mais eficaz na inibição do crescimento do fungo, seguido do tirame (87,77%). As combinações de fungicidas, carbendazim + mancozebe e iprodina + carbendazim, foram igualmente eficazes e inibiram o crescimento do fungo in vitro em percentagem.Pandey et al. (2006) referiram que o Bavistin 50% WP (carbendazim) inibiu completamente o crescimento da colónia de Pestalotiopsis mangiferae (Henn.Enquanto que o Dithane M-45 75% WP (mancozebe) foi eficaz a uma concentração de 0,3 %. Rokade (2009) estudou catorze fungicidas com vários grupos testados in vitro que inibiram eficazmente o crescimento de P. palmarum em relação ao controlo. Entre estes fungicidas, carbendazim, propiconazol, tridemorfe, oxicloreto de cobre, MEMC, carbendazim 25% + ipridiona 25%, carbendazim 12% + mancozebe 63% revelaram-se os mais eficazes na supressão do crescimento de P. palmarum, seguidos de hexaconazol.

III. MATERIAIS E MÉTODOS

Os materiais e métodos utilizados nos inquéritos são descritos a seguir.

3.1 Investigação patológica

3.1.1 Recolha de amostras de doentes

As amostras com sintomas típicos da doença do míldio cinzento das folhas do cajueiro foram recolhidas do campo em sacos de papel castanho e levadas para o laboratório para investigações mais aprofundadas. Os sintomas e sinais das amostras doentes foram observados e registados. As amostras doentes recolhidas foram submetidas a exame microscópico para confirmar a presença do agente patogénico.

3.1.2 Isolamento do agente patogénico

As folhas frescas infectadas de cajueiro que apresentavam manchas foliares minúsculas na lâmina foliar, de cor preta escura a castanha clara, foram utilizadas para isolar o agente patogénico. As amostras de folhas infectadas foram submetidas a isolamento de tecidos. As porções infectadas das folhas foram cortadas em pequenos pedaços (1 mm) de forma a que cada pedaço fosse constituído por uma zona de tecidos infectados e outra de tecidos saudáveis.
Estes pedaços de folhas foram esterilizados à superfície com uma solução de hipocloreto de sódio 1:1000 (p/v) durante um minuto, seguida de três lavagens subsequentes com água destilada esterilizada e, em seguida, estes pedaços foram transferidos assepticamente para placas de Petri esterilizadas contendo 20 ml de meio de ágar dextrose de batata (PDA) (200 g de batata descascada, 20 g de dextrose e 20 g de ágar-ágar num volume final de 1000 ml de água destilada) e incubados a uma temperatura média (27 ± 2 °C). O crescimento do fungo desenvolvido após 48 horas de incubação foi subcultivado para obter uma cultura pura pelo método da ponta de hifa que foi mantida por subcultura frequente e o isolado foi utilizado para estudos posteriores.

3.2 Identificação do agente patogénico

A identificação do agente patogénico que causa o míldio cinzento da folha do cajueiro foi efectuada através do estudo dos caracteres culturais e morfológicos. Os caracteres culturais foram registados desde o início do crescimento até ao período de 15 dias. Os caracteres morfológicos dos esporos, nomeadamente o comprimento e o diâmetro, foram medidos sob uma ampliação de baixa potência a partir de uma cultura de Pestalotia anacardii com 10 dias de idade, utilizando micrómetros oculares e de fase, e foram comparados com os dados da literatura. Também foram tiradas microfotografias das hifas e dos esporos.

3.3 Teste de patogenicidade

A cultura de esporulação pura do fungo isolado de folhas de cajueiro infectadas foi utilizada para comprovar a patogenicidade. As suspensões de esporos de culturas isoladas com 7 dias de idade foram preparadas através de uma homogeneização completa da massa micelial em água destilada esterilizada, seguida de filtração através de um pano de musselina para remover pedaços miceliais. Os frascos foram enchidos com água até à saturação de manhã e a inoculação foi efectuada ao fim da tarde. As folhas de cajueiro saudáveis a serem inoculadas foram lavadas com água destilada esterilizada antes da inoculação. A inoculação foi efectuada nas folhas saudáveis através dos três métodos seguintes:

(i) Picada de alfinete

Foram utilizados alfinetes esterilizados (mergulhados em soluções de cloreto de mercúrio 1:1000) para picar as folhas de cajueiro saudáveis em 3 locais e o inóculo foi aplicado com uma zaragatoa de algodão esterilizada.

(ii) Lesões causadas por escovas de dentes

A escova de dentes esterilizada foi mergulhada na suspensão e inoculada com uma ligeira fricção em folhas de cajueiro saudáveis em 3 locais.

(iii)Ao fazer ferimentos com pó de carborundum

A ferida na folha de cajueiro saudável foi feita com a ajuda de pó de carborendum e o agente patogénico foi inoculado com uma ligeira fricção em 3 locais.

Foram mantidos controlos adequados apenas com pulverização de água destilada esterilizada. Todas as folhas foram depois cobertas com uma compressa de algodão húmida, mantida sob sacos de polietileno húmidos para manter uma humidade elevada. As observações relativas à infeção e ao desenvolvimento de sintomas foram registadas.

O fungo foi re-isolado das folhas doentes inoculadas que apresentavam sintomas de míldio foliar cinzento e os caracteres morfológicos e culturais foram comparados com os de Pestalotia anacardii, que foi originalmente isolado de folhas de cajueiro doentes.

3.4 Investigação fisiológica

3.4.1 Procura de meios de cultura superiores para o crescimento e esporulação de agentes patogénicos in vitro

Com o objetivo de encontrar meios sólidos adequados para o crescimento e a esporulação do fungo, foram utilizados cinco meios semi-sintéticos e cinco sintéticos. As composições dos meios utilizados foram as seguintes

(A) Meios semi-sintéticos

1) Ágar dextrose de batata (PDA)

Batatas descascadas : 200,00 g
Dextrose (C6H12O6):20,00 g
Ágar-ágar : 20,00 g
Água destilada:1000,00 ml

2) Ágar de sacarose de cenoura e batata (PCSA)

Batatas descascadas:100,00 g

Cenoura: 100,00 g

Sacarose (C6H22O11):20,00 g
Ágar-ágar:20,00 g

Água destilada:1000,00 ml

3) Ágar-sumo de cenoura (CJA)

Cenouras:200,0 g
Dextrose (C6H12O6):20,00 g
Ágar-ágar:20,00 g
Água destilada:1000,00 ml

4) Ágar de extrato de folha de hospedeiro (Ágar de extrato de folha de cajueiro)

Extrato de folhas de cajueiro:200,00 ml
Ágar-ágar : 20,00 g

Dextrose ($C_6H_{12}O_6$):20,00 g
Água destilada:1000,00 ml

5) Ágar farinha de aveia

Farinha de aveia:100,00 g

Ágar-ágar:20,00 g

Água destilada:1000,00 ml

(B) Meios sintéticos

1) Ágar Dox de Czapek (CzDA)

Sacarose ($C_6H_{22}O_{11}$):30,00 g

Nitrato de sódio ($NaNO_3$):2,0 g

Hidrogénio dipotássico: 1,00 g de ortofosfato (K_2HPO_4)

Sulfato de magnésio: 0,50 g

($MgSO_4.7H_2O$) Cloreto de potássio (KCl): 0.50 g

Sulfato ferroso :0,01 g ($FeSO_4.7H_2O$)

Ágar-ágar:20,00 g

Água destilada:1000,00 ml

2) Ágar de Richards (RA)

Nitrato de potássio (KNO_3) :10,00 g
Di-hidrogénio de potássio:5,00 g
ortofosfato (KH_2PO_4)
Sulfato de magnésio: 2,5 g ($MgSO_4.7H_2O$)
Cloreto férrico ($FeCl_36H_2O$) : 0.02 g
Sacarose ($C_6H_{22}O_{11}$):50,00 g
Ágar-ágar:20,00 g
Água destilada:1000,00 ml

3) Ágar de Asthana e Hawker (A & HA)

Dextrose ($C_6H_{12}O_6$) : 5,00 g
Nitrato de potássio (KNO_3) : 3.5 g
Di-hidrogénio de potássio:1,75 g
ortofosfato (KH_2PO_4)
Sulfato de magnésio: 0,75 g

($MgSO_4.7H_2O$) Ágar-ágar:20,00 g
Água destilada:1000,00 ml

4) Ágar de Elliot (EA)

Carbonato de sódio (Na_2CO_3):1,06 g
Sulfato de magnésio: 0,5 g ($MgSO_4.7H_2O$)
Asparagina:1,0 g

Dextrose ($C_6H_{12}O_6$):5,0 g

Di-hidrogénio de potássio:1,36 g de ortofosfato (KH_2PO_4)
Ágar-ágar:20,00 g

Água destilada:1000,00 ml

5) Ágar de Brown (BA)

Dextrose ($C_6H_{12}O_6$):2,0 g
Asparagina:2,0 g
Di-hidrogénio de potássio:1,25 g de ortofosfato (KH_2PO_4)
Sulfato de magnésio:0,75g ($MgSO_4.7H_2O$)
Ágar-ágar:20,00 g
Água destilada:1000,00 ml

Estes meios esterilizados à base de ágar foram vertidos assepticamente em placas de Petri de 90 mm de diâmetro, previamente esterilizadas, a 20 ml/placa. As placas de Petri foram inoculadas assepticamente após a solidificação, colocando no centro um bloco de cultura de 5 mm de diâmetro, cortado assepticamente com uma broca de cortiça esterilizada de uma cultura pura de P. anacardii com 7 dias de idade, cultivada em meio PDA. Foram mantidas três repetições para registar observações sobre o diâmetro das colónias a 24 horas de intervalo e os caracteres culturais do fungo. As placas de Petri foram incubadas a uma temperatura de 27 ± 2°C. O crescimento linear da colónia fúngica foi medido diariamente até à cobertura completa das placas de Petri com micélio fúngico. A contagem da esporulação foi registada a partir da quarta repetição. Dez blocos de cultura de discos miceliais de 5 mm de diâmetro de uma cultura com 7 dias de idade foram suspensos em 20 ml de água destilada esterilizada, homogeneizados, filtrados através de um pano de musselina e uma gota desse filtrado foi examinada ao microscópio. O número de esporos por campo microscópico sob ampliação de baixa potência (10 X) foi registado em três desses campos microscópicos selecionados aleatoriamente em cada caso. Os dados assim obtidos foram analisados estatisticamente.

3.4.2 Efeito da temperatura no crescimento e esporulação do agente patogénico in vitro

Para estudar o efeito da temperatura em P.anacardii, o patógeno foi cultivado em meio PDA a sete temperaturas diferentes, variando de 20°C a 40°C. Vinte ml de meio PDA esterilizado foram despejados em cada placa de Petri esterilizada de 90 mm de diâmetro. Cada tratamento foi repetido três vezes. As placas de Petri foram inoculadas assepticamente após a solidificação, colocando no centro um disco micelial de 5 mm de diâmetro, cortado assepticamente com a ajuda de uma broca de cortiça esterilizada de uma cultura pura de P.anacardii com 7 dias de idade. Estas placas de Petri foram incubadas a várias temperaturas, a saber, temperatura ambiente média (27 ± 2°C), 20, 25, 30, 35 e 40°C, com quatro repetições. O diâmetro das colónias foi registado diariamente até à cobertura completa das placas com crescimento fúngico. A contagem da esporulação foi registada a partir da quarta repetição. Dez blocos de cultura de discos miceliais de 5 mm de diâmetro de uma cultura com 7 dias de idade foram suspensos em 20 ml de água destilada esterilizada, homogeneizados, filtrados através de um pano de musselina e uma gota desse filtrado foi examinada ao microscópio. O número de esporos por campo microscópico sob ampliação de baixa potência (10 X) foi registado em três campos microscópicos, selecionados aleatoriamente. Os dados assim obtidos foram analisados estatisticamente.

3.4.3 Efeito da temperatura no crescimento e esporulação do agente patogénico in vitro

O melhor crescimento e esporulação do fungo foi obtido em meio PDA, pelo que foi utilizado como meio padrão para todos os restantes estudos fisiológicos. O meio PDA foi preparado excluindo a sua composição para o obter na forma líquida, em conjuntos de 7 níveis de pH diferentes, variando de 5,0 a 8,0, tendo o pH sido mantido por adição de NaOH 0,1 N ou HCl 0,1 N com um medidor de pH backman. Foram vertidos 50 ml de meio PDA líquido em cada frasco cónico de 150 ml, de acordo com o tratamento indicado no mesmo. Cada tratamento foi repetido três vezes. Depois de esterilizados a 1,2 kg cm^{-2} pressão durante 20 minutos na autoclave, estes frascos foram inoculados com um disco de 5 mm de diâmetro de P. anacardii com a ajuda de uma broca de cortiça esterilizada em condições assépticas. O frasco inoculado foi incubado à temperatura ambiente (27 ± 2°C) durante 15 dias. Os tapetes miceliais foram recolhidos de três repetições em cada caso, previamente pesados em papel de filtro Whatman n.º 42 e secos em estufa a 55°C. 42 e secas em estufa a 55°C durante três dias consecutivos até se obter um peso constante. A esporulação foi registada em três réplicas no final do período de incubação, tal como descrito anteriormente. Os dados foram submetidos a análises estatísticas.

3.6 Medidas de gestão

3.6.1 Gestão biológica

3.6.1.1 Efeito dos antagonistas no crescimento do agente patogénico in vitro

Seis antagonistas conhecidos, a saber, Trichoderma viride Pers.Fr (isolado de Navsari), Trichoderma harzianum Rifai (isolado de Navsari), Trichoderma longibrachyatum (isolado de Pune), Pseudomonas fluorescens (isolado de Navsari) e Bacillus subtilis Ell. (isolado de Navsari) foram testados por três métodos diferentes in vitro contra P. anacardii.

3.6.1.1.1 Técnica de dupla cultura (Dennis e Webster, 1971)

O organismo em estudo e o agente patogénico foram cultivados em PDA e, a partir de uma cultura com 10 dias, um disco de 5 mm do organismo em estudo (antagonista) foi cortado assepticamente da periferia da colónia e colocado numa extremidade da placa de Petri contendo 20 ml de PDA. No local oposto e a cerca de 70 mm de distância do primeiro, foi colocado assepticamente um disco semelhante do agente patogénico. Foram mantidas três repetições de cada uma e as placas com apenas o agente patogénico serviram de controlo. As placas foram incubadas a uma temperatura média (27 ± 2°C) e o crescimento radial do organismo testado e do agente patogénico foi medido com um intervalo de 24 horas até a placa de controlo ficar completamente coberta com micélio do agente patogénico. A porcentagem de inibição do crescimento (PGI) foi calculada de acordo com a fórmula dada por Vincent (1927).

$$PGI = \frac{100(DC-DT)}{DC}$$

Onde,

IGP = Percentagem de inibição do crescimento

DC = Diâmetro médio da colónia micelial do conjunto de controlo (mm) DT = Diâmetro médio da colónia micelial do conjunto tratado (mm)

3.6.1.1.2 Agente patogénico na periferia (Asalmol et al., 1990)

Os organismos em estudo e o agente patogénico foram cultivados em PDA e, a partir de uma cultura com 10 dias, foram cortados discos de 5 mm de organismos em estudo e colocados assepticamente no centro das placas de Petri contendo 20 ml de PDA, separadamente. Foram cortados quatro discos semelhantes do agente patogénico e colocados na periferia, ou seja, a 35 mm de distância do organismo em estudo, na mesma placa de Petri. Foram mantidas três repetições de cada um. As placas de Petri com apenas discos de cultura do agente patogénico colocados na periferia serviram de controlo. As placas de Petri foram incubadas a uma temperatura média (27 ± 2°C) e o crescimento radial do organismo em estudo e do agente patogénico foi medido a
Intervalo de 24 horas até a colónia na placa de controlo estar completamente coberta com micélio do agente patogénico. A percentagem de inibição do crescimento (PGI) foi calculada de acordo com o método dado por Vincent (1927), que é descrito anteriormente em 3.6.1.1.1.

3.6.1.1.3 Agente patogénico no centro (Asalmol et al., 1990)

Neste método, um disco de cultura de 5 mm do agente patogénico foi cortado da periferia da colónia e colocado assepticamente no centro das placas contendo 20 ml de PDA. Quatro discos semelhantes do organismo em estudo foram colocados na periferia, ou seja, a 35 mm de distância do agente patogénico, na mesma placa. Foram mantidas três repetições de cada uma e as placas com apenas o agente patogénico no centro serviram de controlo. As placas foram incubadas a uma temperatura média (27 ± 2°C) e o crescimento radial do organismo testado e do agente patogénico foi medido com um intervalo de 24 horas até a placa de controlo estar completamente coberta com micélio do agente patogénico. A percentagem de inibição do crescimento (PGI) foi calculada como mencionado anteriormente em 3.6.1.1.1.

3.6.1.2 Efeito de produtos botânicos contra o agente patogénico in vitro

Sabe-se que a resistência às doenças em algumas plantas se deve à presença de algumas propriedades anti-microbianas nos tecidos do hospedeiro. Essas plantas foram utilizadas no controlo de doenças das plantas e provaram ser inofensivas e não fitotóxicas, ao contrário dos fungicidas químicos. Tendo isto em conta, os extractos aquosos de onze espécies de plantas comuns foram avaliados in vitro quanto ao seu efeito inibidor no crescimento de Pestalotia anacardii. O efeito dos extractos de plantas de onze espécies vegetais, nomeadamente Azadirachta indica L., Ocimum sanctum L., Allium sativum L., Eucalyptus citridora Hook, Pongamia glubra L., Datura stamoneum L., Jetropha curcas L., Lantana camera L., Tag Tag, Lantana camera L., Tagets erecta L., Adhatoda vasica L., Curcuma longa L., foram testadas in vitro através da técnica de alimentos envenenados para conhecer o seu efeito inibidor no crescimento de P. anacardii. Foram colhidas partes de plantas frescas e saudáveis, ou seja, folhas, bolbos ou rizomas, de acordo com o tratamento (Quadro 3.1) e lavadas cuidadosamente com água limpa e, finalmente, enxaguadas com água destilada esterilizada. Cinquenta gramas de folhas, bolbos ou rizomas, conforme o tratamento, foram triturados com a ajuda de um moinho, adicionando 50 ml de água esterilizada. Os extractos foram filtrados através de um pano de musselina esterilizado de dupla camada e recolhidos em frascos cónicos de 150 ml, tapados com algodão não absorvente. Os fitoextratos filtrados foram autoclavados a 1,2 kg cm^2 de pressão durante 20 minutos. Os extractos autoclavados foram adicionados individualmente em PDA @ 10 por cento previamente esterilizado (i.e. 2 ml de extrato + 18 ml de PDA) na placa e misturados completamente no momento de verter nas placas de Petri previamente esterilizadas.

Tabela 3.1: Efeito do botânico contra o agente patogénico in vitro

Tratamento	Nome local	Nome botânico	Partes de plantas a utilizar em extractos
T1	Neem	Azadirachta indica L.	Folhas
T2	Tulsi	Ocimum sanctum L.	Folhas
T3	Alho	Allium sativumL.	Lâmpada
T4	Nilgiri	Eucalipto citridora Gancho	Folhas
T5	Karanj	Pongamia glubra L.	Rizoma
T6	Datura	Datura stamoneum L.	Folhas
T7	Pinhão-manso	Jetropha curcas L.	Folhas
T8	Lantana	Lantana camera L.	Folhas
T9	Calêndula	Tagets erecta L.	Folhas
T10	Ardusi	Adhatoda vasica L.	Folhas
T11	Cúrcuma	Curcuma longa L.	Rizoma
T12	Controlo	-	-

Todas as placas que continham fitoextratos foram inoculadas colocando o disco micelial de 5 mm de uma cultura pura de P. anacardii com 9 dias de idade com forcep esterilizado e incubadas à temperatura média (27 ± 2°C). Foram mantidas três réplicas de cada tratamento e as placas sem fitoextrato serviram de controlo. As observações do diâmetro das colónias foram registadas periodicamente até que qualquer uma das placas estivesse totalmente coberta pelo crescimento de P. anacardii. A porcentagem de inibição do crescimento (PGI) foi calculada de acordo com a fórmula dada por Vincent (1927).

$$PGI = \frac{100(DC-DT)}{DC}$$

Onde,

IGP = Percentagem de inibição do crescimento.

DC = Diâmetro médio da colónia micelial do conjunto de controlo (mm). DT= Diâmetro médio da colónia micelial do conjunto tratado (mm).

3.6.2 Gestão de produtos químicos

3.6.2.1 Eficácia de fungicidas sistémicos, não sistémicos e de combinações de fungicidas em ensaios in vitro

Para descobrir fungicidas eficazes para controlar o míldio cinzento da folha do cajueiro, procedeu-se ao rastreio de fungicidas in vitro, uma vez que é muito útil para poupar tempo, mão de obra e custos de testar fungicidas no campo e também fornece informações sobre a eficácia e a persistência de vários fungicidas e a sua dose eficaz contra o agente patogénico.Nove fungicidas de três tipos diferentes, ou seja, quatro sistémicos, três não sistémicos e duas formulações mistas (quadro 3.2), com as suas três concentrações diferentes, juntamente com o controlo, foram utilizados para testar a sua eficácia in vitro contra P. anacardii, utilizando a técnica do alimento envenenado.

Preparou-se um meio de ágar dextrose de batata e encheu-se 250 ml de meio PDA em frascos cónicos de vidro com 500 ml de capacidade. Os frascos foram então esterilizados numa autoclave a 1,2 kg cm-2 de pressão durante 20 minutos. A quantidade calculada de fungicidas testados foi adicionada assepticamente ao meio PDA autoclavado e morno em frascos cónicos. Em seguida, os frascos contendo fungicidas foram bem misturados por agitação para facilitar a mistura uniforme dos fungicidas no meio. Em seguida, 20 ml do meio com o respetivo fungicida foram vertidos em placas de Petri rotuladas de 9 cm de diâmetro, previamente esterilizadas, e deixou-se que solidificassem.

A placa de Petri contendo meio PDA sem adição de fungicida serviu de controlo. O bloco fúngico de 5 mm de diâmetro foi cortado de uma cultura com 10 dias de idade do agente patogénico testado com a ajuda de uma broca de cortiça esterilizada. Um bloco fúngico foi colocado assepticamente no centro da placa de Petri contendo meio fungicida solidificado. Cada tratamento foi repetido três vezes. As placas de Petri foram incubadas a uma temperatura média (27 ± 2°C). As observações foram registadas diariamente para o crescimento radial em milímetros até ao crescimento total em qualquer placa de Petri. A percentagem de inibição do crescimento (PGI) foi calculada de acordo com a fórmula dada por Vincent (1927), que é mencionada em 3.6.1.3.

Quadro 3.2: Lista de fungicidas sistémicos, não sistémicos e combinações de fungicidas testados in vitro

Tratamento	Nome comercial	Nome técnico	Concentrações a ensaiar (ppm)		
Fungicidas sistémicos					
T1	Bavistina50% WP	Carbendazim	250	500	1000
T2	Inclinação 25% CE	Propiconazol	250	500	1000
T3	Topsin-M 70% WP	Tiofanato de metilo	250	500	1000
T4	Contaf 5% CE	Hexaconazol	250	500	1000
Fungicidas não sistémicos					
T5	Dithane M 45 75% WP	Mancozebe	1000	1500	2000
T6	Blitox 50% WP	Cloreto de cobreoxi	1000	1500	2000
T7	Kocide77% WP	Hidróxido de cobre	1000	1500	2000
Fungicidas não sistémicos + sistémicos (produtos combinados)					
T8	SAFF 75% WP	Carbendazime 12% + Mancozebe63%	250	500	1000
T9	CurzatM8 72% WP	Cymoxanil 8% + Mancozebe 64 %	250	500	1000
T10	Controlo		-	-	-

IV. RESULTADOS E DISCUSSÃO

De entre as várias doenças fúngicas do cajueiro, o míldio cinzento das folhas é uma doença importante e é frequentemente observada durante a estação das monções. Tendo em conta a gravidade do problema e a escassa informação científica disponível sobre esta doença nas condições do sul de Gujarat, realizou-se a presente investigação sobre vários aspectos para gerar informação científica sobre este importante problema patológico e para descobrir estratégias de gestão adequadas.

4.1.Investigação patológica

4.1.1. Recolha de espécimes doentes e isolamento do agente patogénico

As folhas de cajueiro infectadas com sintomas típicos de míldio foliar foram colhidas na Estação Experimental Agrícola (AES), quinta de Paria (Pardi), Universidade Agrícola de Navsari, Navsari, e foram submetidas a isolamento de tecidos, o que deu origem a uma cultura pura de Pestalotia sp. A cultura foi ainda purificada através de subculturas frequentes pelo método da ponta de hifa e mantida em placas de ágar dextrose de batata (PDA) para investigação posterior.

4.1.2. Sintomatologia

Foram observadas as plantas de cajueiro infectadas com o míldio cinzento das folhas da exploração AES, Paria (Pardi), tendo sido registados os sintomas da mesma, que são aqui descritos. Inicialmente, as manchas minúsculas espalhadas na lâmina foliar a partir da margem e das pontas das folhas de cajueiro eram de cor preta escura a castanha clara. Gradualmente, a infeção avançou em ambas as margens das folhas, cobrindo a maior parte da área foliar e a cor da folha tornou-se cinzenta prateada com pontos pretos semelhantes a cabeças de alfinete nas folhas, resultando em secagem e perda de fixação do galho. As manchas variavam em tamanho, de alguns milímetros a centímetros de comprimento, e coalesciam envolvendo uma área maior, levando ao míldio foliar e, por fim, à queda das folhas. A árvore afetada apresentou um grau variável de míldio foliar, murchidão das pontas, desfoliação das folhas, acompanhada de uma descoloração cinzento-prateada e, por fim, a morte [Placa I].
Patel (1988) também observou que Pestalotiopsis mangiferae (Henn.) Steyaert produzia inicialmente manchas minúsculas, de cor preta escura a castanha clara,

que se desenvolviam a partir da margem das folhas, mas em alguns casos, distribuíam-se irregularmente em todas as folhas de mangueira, levando ao míldio foliar e, por fim, à queda das folhas. Sintomas semelhantes foram também observados por Kyada (2006) e Ko et al. (2007). Estes autores registaram manchas minúsculas espalhadas na lâmina foliar a partir das pontas das folhas de mangueira, espalhando-se em ambas as margens das folhas e cobrindo a maior parte da área foliar, variando de alguns milímetros a alguns centímetros de diâmetro. Também referiram que as folhas de mangueira infectadas apresentavam manchas de cor amarela a castanha, verde a castanha e, por fim, cinzento prateado com pontos pretos semelhantes a cabeças de alfinete nas folhas, o que resultava na secagem e na perda de ligação ao galho e, por fim, na desfolha. Rokade (2009) também registou a doença do míldio cinzento no coqueiro, que se manifestava sob a forma de minúsculas manchas amarelas rodeadas por uma faixa acinzentada nos folíolos, que mais tarde se transformaram em manchas necróticas irregulares.

Placa I: Sintomas de míldio cinzento das folhas em condições de campo
Vista de perto da infeção pelo míldio cinzento das folhas

Zona afetada pelo míldio da folha cinzenta

4.2. Identificação do agente patogénico

O isolado de Pestalotia sp. foi obtido por isolamento de tecidos das lesões foliares infectadas do cajueiro. Os caracteres morfológicos e culturais do isolado cultivado em PDA foram estudados e comparados com os mencionados na literatura, Ko et al (2007). Assim, Pestalotia sp. em estudo foi identificada e confirmada como Pestalotia anacardii. Talvez este seja o primeiro registo desta espécie em Gujarat, no caju.

4.2.1. Personagens culturais

O fungo P. anacardii produziu inicialmente colónias hialinas que, mais tarde, se tornaram brancas e apareceram lisas em PDA. A parte inferior das colónias era de cor castanha clara. O crescimento fúngico branco cobriu toda a placa de Petri (90 mm) em oito dias (27 ± 2°C) de incubação [Placa-II].

4.2.2. Caracteres morfológicos

O micélio do fungo P. anacardii era branco, ramificado e septado, com 2,1-3,2 µm de largura (Placa III-A) com conidióforos curtos e cilíndricos. Poucos acérvulos foram observados como pequenos, pretos, circulares a globosos, com 24,3 a 33,2 µm de diâmetro. Os conídios eram tricelulares a quadricelulares, fusiformes, retos ou ligeiramente curvos, medindo 20,2-24,4 × 7,2-11,1 µm (média 23,12 × 8,21 µm). As três células medianas eram coloridas, marrom oliváceas, constritas perto dos septos e mediam 17,4-19,5 µm de comprimento, as células apicais e basais tinham paredes finas e os conídios tinham apêndices hialinos de três células (Placa III-B,C & D).

Placa -II : Cultura pura de Pestalotia anacardii isolada de folhas infectadas de cajueiro

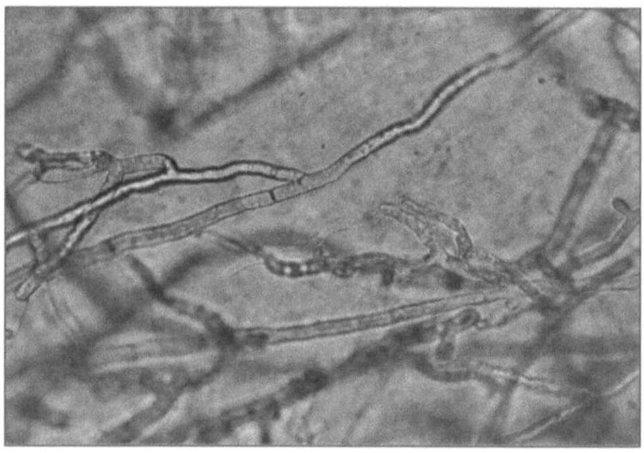

Placa - III : Fotomicrografia de P.anacardii de caju
A= Fotomicrografia do micélio septado da linha hialina (100X)

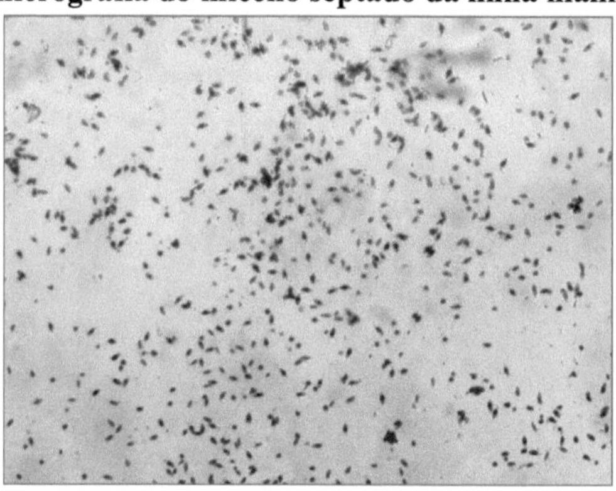

B= Fotomicrografia de conídios (100X) Cont Plate-III

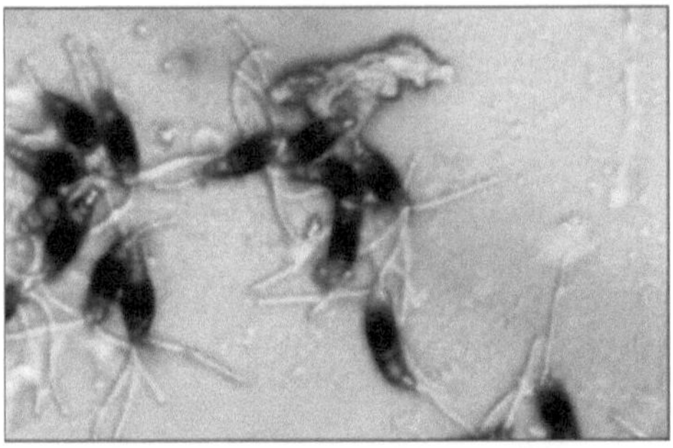

C = Fotomicrografia a (100X)

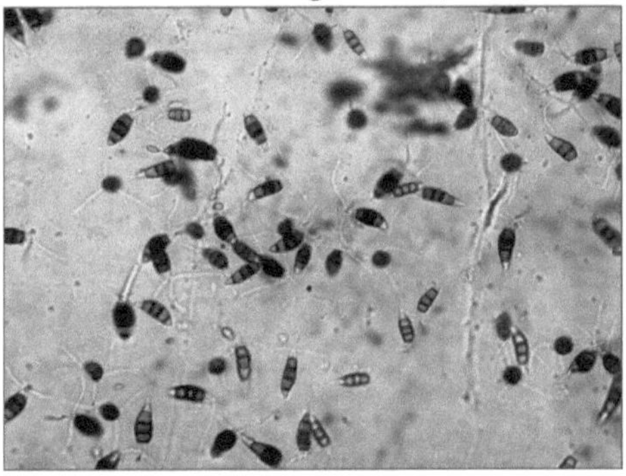

D = Fotomicrografia a (200X)

Estes caracteres morfológicos e culturais de Pestalotia sp. isolada mostraram a sua estreita identidade com Pestalotiopsis mangiferae tal como descrito por Patel (1988). Observou que o fungo Pestalotiopsis mangiferae produzia micélio ramificado, septado e hialino em ágar de Richard. Os conidióforos eram muito curtos, cilíndricos, ramificados na base ou um pouco acima. Os acérvulos eram pretos, globosos e mediam 25,2 - 34,8 μm de diâmetro, os conídios eram pentacelulares, rectos ou ligeiramente curvos e mediam 20,3 - 23,2 x 5,8 μm, enquanto Kyada (2006) referiu que o fungo Pestalotiopsis guepinii produzia inicialmente um crescimento felpudo branco e algodonoso em PDA com micélio hialino e septado e conidióforos muito curtos, cilíndricos a lageniformes, ramificados na base ou acima. Também se observaram claramente alguns corpos picnidiais pretos na superfície superior, enquanto na superfície inferior também se podiam ver mantendo o petrídeo contra a luz. Os picnídios eram pretos, subglobosos a globosos com periferia irregular e mediam 171,6-343,2 X 214,5-429 μm.Ko et al. (2007) relataram que Pestalotiopsis mangiferae (Henn.) Steyaert produziu numerosos acérvulos pretos, medindo 290 a 328 μm de diâmetro, com abundantes conídios escorrendo do acérvulo, medindo 17,6 a 25,4 µm de comprimento e 4,8 a 7,1 µm de largura. Três células medianas eram oliváceas e maiores do que as células apicais e basais hialinas e as células apicais apresentavam três (raramente quatro) apêndices cilíndricos, o que estava em estreita proximidade com P.anacardii. Rokade (2009) relatou que P. palmarum produziu um crescimento branco cotonoso com acérvulos pretos, micélio fofo e branco, septado, ramificado, com 2,2-3,3 µm de largura. Os acérvulos eram pequenos, pretos, circulares, dispersos ou, por vezes, mais ou menos agregados; conídios quinquelados, fusóides, 20-27,5 × 7,5-10 µm, células tricolores, célula terminal hialina, célula superior com setas hialinas e célula basal conoide.

4.3. Teste de patogenicidade

Para comprovar a patogenicidade do fungo Pestalotia anacardii isolado das folhas infectadas com a podridão cinzenta, foram efectuadas inoculações nas folhas de cajueiros saudáveis com três métodos diferentes, a saber, picada de alfinete, ferimento com escova de dentes e ferimento com pó de carborundum. Os resultados apresentados no (Quadro 4.1) demonstraram claramente que o agente patogénico Pestalotia anacardii era capaz de infetar folhas de cajueiro saudáveis. Dos três métodos de inoculação, o método da picada de alfinete foi altamente eficaz (100,00 %) para o desenvolvimento da doença do míldio da folha cinzenta em folhas de caju saudáveis quando inoculadas com Pestalotia anacardii. A lesão por escova de dentes em folhas de cajueiro relativamente rígidas não foi suficiente para causar a entrada e a colonização bem sucedidas de P. anacardii e resultou em pouca infeção (60,00 %) e desenvolvimento de sintomas, enquanto a lesão por pó de carborundum proporcionou uma infeção suficiente do agente patogénico em folhas de cajueiro (73,33 %).

Tabela 4.1: Patogenicidade de Pestalotia anacardii em folhas de cajueiro in vitro.

Sr. Não.	Técnica de inoculação	N.º de	folhas	Percentagem de folhas doentes
		Inoculado	Infetado	
1	Lesão com picada de agulha	15	15	100.00
2 3	Lesão com escova de dentes Lesão com	15 15	9 11	60.00 73.33
4	pó de carborundum Controlo, ou seja, sem prejuízo	15	0	0.00
	(pulverização de			
	água destilada em			
	superfície não ferida)			

Em todas as folhas inoculadas com diferentes métodos, foram inicialmente observadas manchas minúsculas em toda a lâmina foliar a partir da margem e das pontas das folhas de cajueiro, que eram de cor escura a castanha clara. Mais tarde, a infeção avançou em ambas as margens das folhas, cobrindo a maior parte da área foliar, e a cor da folha tornou-se cinzenta prateada com pontos pretos semelhantes a cabeças de alfinete nas folhas, resultando na secagem e na perda de fixação do galho. As folhas inoculadas apresentaram graus variáveis de míldio foliar, murchamento das pontas acompanhado de descoloração cinzenta prateada e morte. O reisolamento de tecidos foliares infectados de manga produziu P. anacardii, o que confirmou que os sintomas da doença eram causados pelo mesmo fungo que foi originalmente isolado. Vários trabalhadores provaram também a patogenicidade de Pestalotia spp., causando sintomas de míldio cinzento das folhas em diferentes culturas através dos métodos de inoculação acima referidos. Agarwal e Hasija (1974) provaram a patogenicidade de Pestalotiopsis versicolor (Speg.) Steyaert, que causa a podridão dos frutos dos citrinos, picando os frutos com uma agulha e inoculando depois com uma suspensão de esporos. Patel (1988) referiu que o ferimento por picada de alfinete e o ferimento pelo método da escova de dentes foram mais eficazes para provar a natureza virulenta de Pestalotiopsis mangiferae, o que resultou numa infeção bem sucedida nas folhas da mangueira. Os sintomas observados foram inicialmente manchas minúsculas, de cor preta escura a castanha clara, que se desenvolveram a partir da margem das folhas, mas que, nalguns casos, se distribuíram irregularmente por todas as folhas de mangueira, conduzindo ao míldio foliar e, por fim, à queda das folhas. Okigbo e Osuinde (2003) constataram que os três fungos patogénicos, nomeadamente Pestalotiopsis mangiferae , Botryodiplodia theobromae [Lasiodiplodia theobromae] e Macrophoma mangiferae, eram os agentes causais das doenças fúngicas das manchas foliares da mangueira, cujos sintomas se desenvolveram cinco semanas após a inoculação de folhas saudáveis. Pandey et al. (2006) provaram a natureza patogénica de Pestalotiopsis mangiferae, que causa o cancro do caule de Jatropha curcas L., através do método de inoculação de plântulas e confirmaram que, na ausência de lesões na casca, o agente patogénico não conseguiu entrar no sistema vegetal e causar a doença. Kyada (2006) realizou testes de patogenicidade através da inoculação artificial de P. guepinii em folhas de manga, esfregando pó de carborundu na folha para perfurar os tecidos foliares, onde se observaram pequenas manchas verde-azeitona, que se tornaram acastanhadas a cinzentas prateadas e aumentaram de tamanho. Ko et al. (2007) também observaram sintomas semelhantes. Eles relataram manchas minúsculas espalhadas na lâmina foliar a partir das pontas das folhas de manga, espalhando-se em ambas as margens das folhas, cobrindo a maior parte da área foliar, variando de alguns milímetros a alguns centímetros de diâmetro. A folha infetada apresentava manchas de cor amarela a castanha, verde a castanha e, finalmente, cinzenta prateada com pontos pretos semelhantes a cabeças de alfinete nas folhas, resultando na secagem e na perda de ligação ao galho e, finalmente, na desfolha. Os resultados actuais estão em conformidade com as conclusões anteriores.

4.4 Investigações fisiológicas

4.4.1 Procura de meios superiores para o crescimento e esporulação de Pestalotia anacardii in vitro

Para testar os meios adequados para o crescimento e a esporulação do fungo P. anacardii, foram utilizados dez meios diferentes, incluindo sintéticos e semi-sintéticos em estado sólido. Os resultados sobre o diâmetro médio das colónias e a esporulação são apresentados no Quadro-4.2 (Fig.1). Os caracteres culturais do fungo foram registados em diferentes meios sólidos e são apresentados na Tabela-4.3 [Placa-IV]. Os resultados revelaram que, entre todos os meios sólidos testados, foi obtido um crescimento micelial significativamente máximo no meio de ágar dextrose de batata (88,33 mm), seguido do meio de ágar de Richards (77,33 mm). O melhor meio seguinte, por ordem de mérito, foi o meio de ágar Dox de Czapeck (75,33 mm), que estava ao mesmo nível que o meio de Asthana e Hawker (73,67 mm), seguido do meio de ágar de extrato de folhas do hospedeiro (71,00 mm), que estava também ao mesmo nível que o meio de ágar de Elliot (67,00 mm). O crescimento micelial médio mais elevado foi observado no meio de ágar de farinha de aveia (56,33 mm), seguido do meio de ágar de sumo de cenoura (40,00 mm), que se equiparou ao meio de ágar Browns (38,33 mm) e foi seguido do meio de ágar de sacarose de cenoura e batata (35,33 mm). Entre todos os meios sólidos experimentados, registou-se uma excelente esporulação em ágar dextrose de batata, seguido do meio de ágar de Richards e do meio de ágar de Elliot, onde se observou uma boa esporulação. Seguiram-se os meios de ágar Dox de Czapeck, As thana e Hawker e o meio de ágar de extrato de folhas do hospedeiro, onde se registou uma esporulação moderada. Registou-se uma fraca esporulação no tratamento com os meios de ágar de sumo de cenoura, ágar Browns e ágar de sacarose de cenoura e batata, enquanto não se registou qualquer esporulação no meio de ágar de farinha de aveia.

Tabela 4.2: Crescimento e esporulação de P. anacardii em diferentes meios sólidos in vitro

N.º Sr.	Media	Diâmetro médio das colónias (mm)	Esporulação (10x)
1	Ágar de Czapeck (Dox)	8.71 * (75.33)**	++
2	Ágar sacarose de cenoura e batata	5.99 (35.33)	+
3	Ágar dextrose de batata	9.43 (88.33)	++++
4	Agar de extrato de folha de hospedeiro	8.46 (71.00)	++
5	Ágar farinha de aveia	7.54 (56.33)	-
6	Ágar de Elliot	8.22 (67.00)	+++
7	Ágar de Asthana e Hawker	8.61 (73.67)	++
8	Ágar de Richard	8.82 (77.33)	+++
9	Ágar-sumo de cenoura	6.36 (40.00)	+
10	Ágar de Brown	6.23 (38.33)	+
S.Em.+ C.D. a 5 % C.V. %		0.05 0.14 1.05	

* Os valores fora dos parênteses indicam valores transformados SQR + 0,5

** Os números entre parêntesis indicam os valores originais

Categoria de esporulação: N.º de esporos/campo microscópico de baixa potência (10x)

Grau de potência	Categoria de esporulação	N.º de esporos/campo microscópico baixo (10 x) Sem esporulação
+	Pobres	1-10 conídios/microcampo (10 x)
++	Moderado	11-25 conídios/microcampo (10 x)
+++	Bom	26-40 conídios/microcampo (10 x)
++++	Excelente	> 40 conídios/microcampo (10 x)

Fig. -1:Crescimento e esporulação de P.anacardii em diferentes meios sólidos in vitro

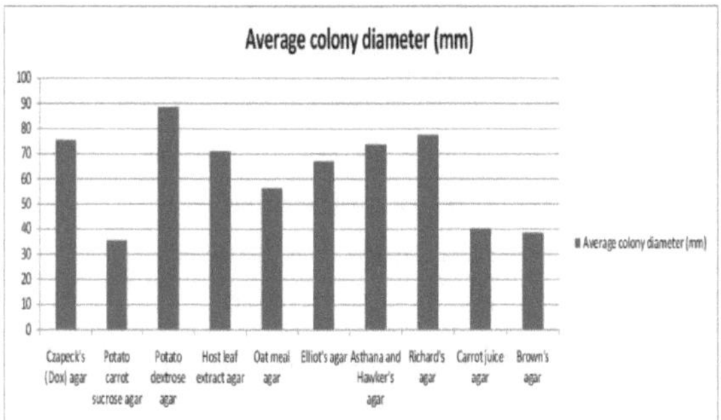

Categoria de esporulação

-	Sem esporulação	
+	Pobres	1-10conídios/microcampo (10 x)
++	Moderado	11-25 conídios/microcampo (10 x)
+++	Bom	26-40 conídios/microcampo (10 x)
++++	Excelente	> 40 conídios/microcampo (10 x)

Placa IV: Crescimento de Pestalotia anacardii em diferentes meios sólidos in vitro

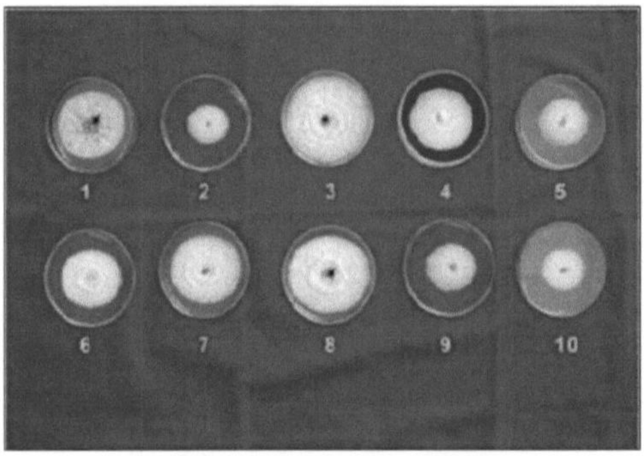

1. Ágar de Czapeck (Dox)
2. Ágar sacarose de cenoura e batata
3. Ágar dextrose de batata
4. Agar de extrato de folha de hospedeiro
5. Ágar farinha de aveia
6. Ágar de Elliot
7. Ágar de Asthana e Hawker
8. Ágar de Richard
9. Ágar-sumo de cenoura
10. Ágar de Brown

Tabela 4.3: Caraterísticas culturais de P.anacardii cultivado em diferentes meios sólidos

Sr.No.	Media	Personagens culturais
1.	Czapeck's (Dox) ágar	Colónia micelial branca e fofa de crescimento rápido.
2.	Ágar sacarose de cenoura e batata	Crescimento lento e irregular com branco colónia micelial.
3.	Batata ágar dextrose	Crescimento circular rápido com margem lisa e uma colónia micelial branca.
4.	Folha hospedeira extrato de ágar	Crescimento circular moderado com margem e colónia micelial branca.
5.	Ágar farinha de aveia	Crescimento irregular moderado com branco colónia micelial.
6.	Ágar de Elliot	Crescimento moderado com margem irregular e uma colónia micelial branca e fofa.
7.	Asthana e Ágar de Hawker	Crescimento rápido e irregular e micélio branco colónia.

8.	Ágar de Richards	Colónia branca e fofa com crescimento denso em no centro do que na periferia.
9.	Ágar-sumo de cenoura	Colónia de crescimento lento e menos densa tapetes miceliais.
10.	Ágar de Brown	Crescimento lento e irregular com branco colónia micelial.

Considerando o desempenho global dos diferentes meios em estado sólido, o ágar dextrose de batata, o ágar de Richards e o ágar de Czapeck (Dox) foram considerados os melhores para o crescimento e a esporulação de P. anacardii. Upadhyay e Dwivedi (1980) também referiram que Pestalotiopsis funereal crescia melhor em meio de Czapeck's Dox + 0,05% de extrato de levedura. O ágar de Richard como o melhor meio para o crescimento de Pestalotia foi também referido por Kyada (2006), Mishra e Chhotaray (1989), Ghani e Tandon (1989) e Patel (1988). Taehyun et al. (1998) referiram que o ágar dextrose de batata, o ágar de sacarose de batata e o ágar de farinha de aveia foram considerados melhores para o crescimento de Pestalotiopsis theae. Do mesmo modo, Younis et al. (2004) e Rokade (2009) também indicaram que o ágar dextrose de batata era o melhor. Os presentes resultados confirmam as conclusões dos trabalhadores acima mencionados.

4.4.2 Efeito da temperatura no crescimento e esporulação de P. anacardii in vitro

Foram experimentadas seis gamas de temperatura diferentes para descobrir a temperatura adequada para o crescimento e a esporulação de P. anacardii. Os resultados são apresentados no Quadro-4.4 (Fig-2) e na Placa-V. É evidente a partir dos resultados que foi observado um crescimento micelial significativamente mais elevado (87,67 mm) de P. anacardii à temperatura ambiente média, isto é, 27 ± 2°C, que se verificou estar a par com a temperatura de 30°C (87.00 mm), seguida pela temperatura de 25°C (82,00 mm) e 35°C (76,00 mm), enquanto um crescimento fraco a moderado de P. anacardii foi observado à temperatura de 20° (46,67 mm), seguida pela temperatura de 40°C (24,33 mm).

Tabela 4.4: Efeito da temperatura no crescimento e esporulação de P. anacardii in vitro

N.º Sr.	Temperatura (°C)	Diâmetro médio das colónias (mm)	Esporulação (10x)
1	Temperatura ambiente média (27 ± 2°C)	9.39* (87.67)**	++++
2	20	6.67 (46.67)	+
3	25	9.08 (82.00)	+++
4	30	9.34 (86.67)	++++
5	35	8.75 (76.00)	++
6	40	4.98 (24.33)	+
	S.Em.±	0.05	
	C.D. a 5 %	0.17	
	C.V %	1.16	

*Os valores fora dos parênteses indicam valores transformados SQR+0,5

**Os valores entre parêntesis indicam os valores originais

Categoria de esporulação:N.º de esporos/campo microscópico de baixa potência (10x)

Grau de esporulação

Categoria de esporulação

N.º de esporos/campo microscópico de baixa potência (10x)

+Péssimo1-10 conídios/microcampo (10 x)

++Moderado11-25 conídios/microcampo (10 x)

+++Bom26-40 conídios/microcampo (10 x)

++++Excelente>40 conídios/microcampo (10 x)

Fig. -2: Efeito da temperatura no crescimento e esporulação de P. anacardii in vitro

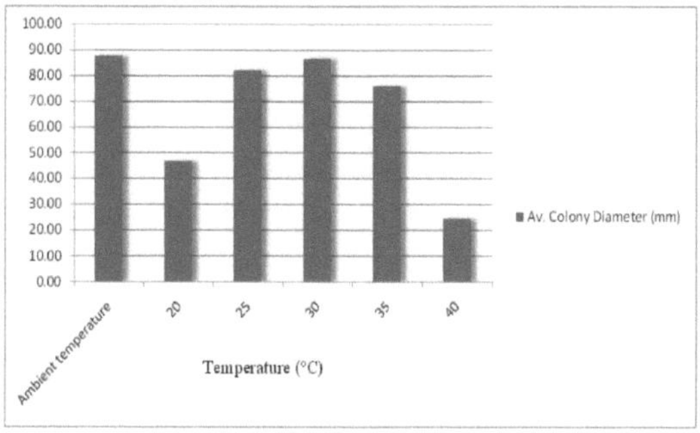

Grau de esporulação

Categoria de esporulação

N.º de esporos/campo microscópico de baixa potência (10x)

+Péssimo1-10 conídios/microcampo (10 x)

++Moderado11-25 conídios/microcampo (10 x)

+++Bom26-40 conídios/microcampo (10 x)

++++Excelente>40 conídios/microcampo (10 x)

Placa - V: Efeito da temperatura no crescimento e esporulação de P. anacardiiin vitro

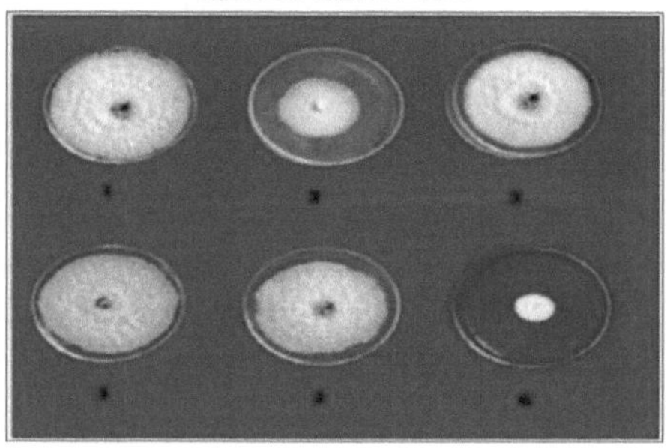

Temperatura ambiente (27 ± 2°C)

1. 20°C

2. 25°C

3. 30°C

4. 35°C

5. **40°C**

Entre todos os regimes de temperatura experimentados, foi registada uma excelente esporulação à temperatura ambiente média (27 ± 2°C) e à temperatura de 30°C. Foi observada uma boa esporulação à temperatura de 25°C e uma esporulação moderada à temperatura de 35°C. Foi registada uma fraca esporulação de P. anacardii a temperaturas de 20°C e 40°C. Resultados semelhantes foram também obtidos por Tandon (1961), Swain (1975) e Pandey e Mohammad (1975) que registaram um crescimento e uma esporulação máximos de P. mangiferae a uma temperatura de 25°C seguida de 30°C e uma esporulação mais elevada a 25°C. Sawant e Raut (1995) registaram o crescimento máximo de P. mangiferae a temperaturas entre 27°C e 30°C. A temperatura entre 25°C e 30°C também foi registada como sendo a melhor para o crescimento e esporulação máximos de P. guepinii, tal como referido por Kyada (2006). Sarkar (1960) observou que o fungo Pestalotia sp. era capaz de crescer a temperaturas entre 10 e 35°C, com uma temperatura óptima entre 20 e 25°C, enquanto a gama de temperaturas para a germinação de esporos era de 10-34°C, com uma temperatura óptima de 30°C.

4.4.3 Efeito do pH no crescimento e esporulação do agente patogénico in vitro

O caldo PDA com e sem ágar foi considerado superior durante a experiência anterior e por isso foi utilizado como meio basal para os restantes estudos fisiológicos. O peso micelial seco e a contagem de esporos após o período de incubação foram registados em meio líquido. Os dados foram analisados estatisticamente e apresentados na tabela 4.5 e representados graficamente na fig.-3. O resultado indicou claramente que o fungo podia crescer e esporular numa vasta gama de pH de 5,0 a 8,0 em meio líquido. O peso micelial seco foi significativamente superior a pH 5,0 (319,66), que estava a par de pH 5,5 (307,33 mg), seguido de pH 6,0 (285,66 mg), pH 6,5 (153,66 mg), que estava a par de pH 7,0 (109,66 mg). O crescimento significativamente menor do fungo foi registado a pH 7,5 (57,66 mg) e pH 8,0 (47,00 mg). Os seguintes melhores, por ordem de mérito, foram 5,5 pH (333,66 esporos/LPM), 6,0 pH (309,33 esporos/LPM) e 6,5 pH (196,66 esporos/LPM), seguidos de 7,0 pH (91,33 esporos/LPM). A menor esporulação foi registada a pH 7,5 (44,33 esporos/LPM) e a pH 8,0 (30,33 esporos/LPM).

Tabela 4.5: Efeito do pH no crescimento e esporulação de P. anacardii in vitro

Sr.No.	pH	Meio líquido (após 15 dias)	
		Peso seco médio de micélio (mg)	N.º de conídios/microcampo de baixa potência (100x)
1	5.0	2.50* (319.66)**	2.55* (360.66)**
2	5.5	2.48 (307.33)	2.52 (333.66)
3	6.0	2.45 (285.66)	2.49 (309.33)
4	6.5	2.18 (153.66)	2.29 (196.66)
5	7.0	2.04 (109.66)	1.96 (91.33)
6	7.5	1.76 (57.66)	1.65 (44.33)
7	8.0	1.68 (47.00)	1.49 (30.33)
S.Em±		0.004	0.004
C.D a 5%		0.011	0.012
C.V.%		0.30	0.32

Fig.- 3: Efeito do pH no crescimento e esporulação de P. anacardii in vitro

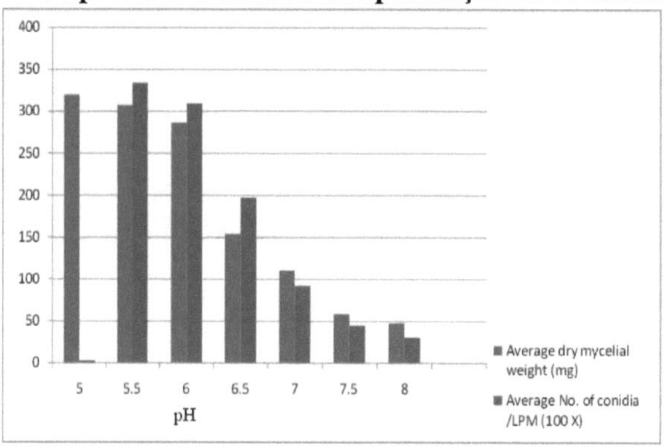

4.5. Medidas de gestão

4.5.1. Gestão biológica

4.5.1.1. Efeito de antagonistas contra P. anacardii in vitro

O efeito perigoso dos produtos químicos utilizados na gestão das doenças das plantas levou os fitopatologistas a procurar métodos alternativos com pouco ou nenhum efeito adverso no ambiente. Durante os últimos anos, foi alcançado um sucesso notável no controlo de doenças através da utilização de microrganismos antagonistas em laboratório, em estufa e no campo e, com base nesta informação, existe a possibilidade de desenvolver o controlo biológico de doenças das plantas em condições de campo. Hoje em dia, a formulação comercial de alguns dos agentes de controlo biológico já está disponível no mercado.

Cinco antagonistas conhecidos, nomeadamente Trichoderma viride, T. harzianum, T. longibrachyatum, Pseudomonas fluorescens e Bacillus subtilis, foram testados por três métodos diferentes in vitro quanto ao seu antagonismo contra P. anacardii.

4.5.1.1.1. Método de cultura dupla

Os resultados apresentados na Tabela-4.6 e na Fig-4-A [Placa- VI (A)] revelaram que todos os antagonistas testados contra P. anacardii foram significativamente superiores ao controlo. Destes, o menor crescimento do agente patogénico foi registado em Pseudomonas fluorescens (7,00 mm), que foi estatisticamente igual a Trichoderma viride (7,00 mm), seguido de T. harzianum (9,50 mm), que foi estatisticamente igual a T. longibrachyatum (9,75 mm).

Tabela- 4.6: Efeito do antagonista contra P. anacardii in vitro (método de cultura dupla)

Sr. Não.	Organismo de teste	Diâmetro médio das colónias (mm)	Inibição do crescimento (%)
1	Trichoderma viride Pers.Fr (isolado de Navsari)	2.73* (7.00)**	84.95
2	Trichoderma harzianumRifai (isolado de Navsari)	3.15 (9.50)	79.57
3	Trichoderma longibrachyatum	3.20 (9.75)	79.03
4	Pseudomonas fluorescens (Navsari isolado)	2.73 (7.00)	84.95
5	Bacillus subtilis (isolado de Navsari)	3.87 (14.50)	68.82
6	Controlo	6.86 (46.50)	-
	S.Em.±	0.09	
	C.D. a 5 %	0.27	
	C.V %	4.79	

* Os valores fora dos parênteses indicam valores transformados SQR +0,5

**Os valores entre parêntesis indicam os valores originais

Fig. 4 (A): Efeito do antagonista contra o P.anacardii in vitro (método de cultura dupla)

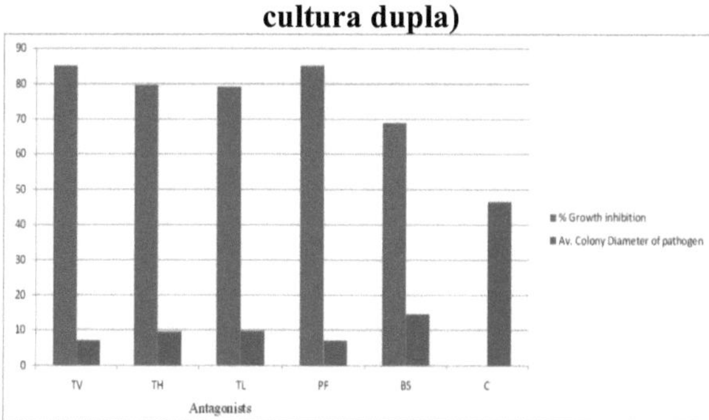

TV = Trichoderma viride
PF = Pseudomonas fluorescens

TH = Trichoderma harzianum

BS = Bacillus subtilis

TL = Trichoderma longibrachyatum

C = Controlo

Os melhores antagonistas seguintes, por ordem de mérito, foram Bacillus subtilis (14,50 mm), que foi considerado menos eficaz contra P. anacardii. P. fluorescens mostrou uma inibição máxima (84,95 %) do crescimento após 5 dias de incubação e pareceu ser o mais superior entre todos os antagonistas testados, seguido em sequência por T. viride (84,95 %), T. harzianum (79,57 %), T. longibrachyatum (79,03 %) e Bacillus subtilis (67,89 %) em ordem decrescente para a inibição percentual do crescimento de P. anacardii.

4.5.1.1.2. Método do agente patogénico na periferia

Os resultados apresentados na Tabela-4.7 e na Fig-4-B [Placa- VI (B)] revelaram que todos os antagonistas testados contra P. anacardii foram significativamente superiores ao controlo. Entre eles, o crescimento significativamente menor do patógeno foi registrado em P. fluorescens (9,11 mm), que estava no mesmo nível de T. viride (10,05 mm). O próximo melhor antagonista em ordem de mérito foi T. harzianum (12,12 mm), que foi estatisticamente igual a T. longibrachyatum (13,11 mm) e P. aeruginosa (14,12 mm), enquanto A. niger (18,41 mm), B. subtilis (20,11 mm) e C. globosum (23,12 mm) foram comparativamente menos eficazes contra o patógeno.

P. fluorescens mostrou uma inibição máxima (76,35%) do crescimento após 5 dias de incubação e pareceu ser o mais superior a todos os antagonistas testados. Os próximos melhores antagonistas em ordem de mérito foram T. viride (72,98 %) seguido por T. harzianum (68,92 %), T. longibrachyatum (62,66 %) e %), e B. subtilis (47,30 %) foram menos eficazes contra P. anacardii.

Tabela- 4.7: Efeito do antagonista contra o P.anacardii in vitro (agente patogénico na periferia)

Sr. Não.	Organismo de teste	Diâmetro médio das colónias (mm)	Inibição do crescimento (%)
1	Trichoderma viride Pers.Fr (isolado de Navsari)	3.24* (10.00)**	72.97
2	Trichoderma harzianumRifai (isolado de Navsari)	3.46 (11.50)	68.92
3	Trichoderma longibrachyatum	3.60 (12.50)	66.22
4	Pseudomonas fluorescens (isolado de Navsari)	3.04 (8.75)	76.35
5	Bacillus subtilis (isolado de Navsari)	4.47 (19.50)	47.30
6	Controlo	6.12 (37.00)	-
	S.Em.±	0.06	
	C.D. a 5 %	0.18	
	C.V %	3.07	

* Os valores fora dos parêntesis indicam valores transformados SQR+0,5

**Os valores entre parêntesis indicam os valores originais

Fig. 4 (B): Efeito do antagonista contra o P.anacardii in vitro (agente patogénico na periferia)

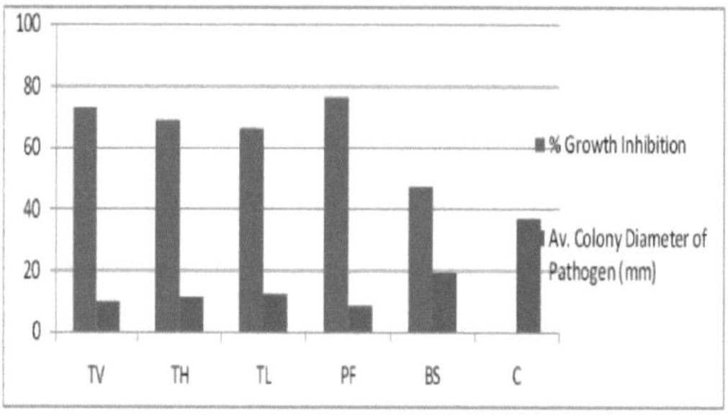

TV = Trichoderma viride PF = Pseudomonas fluorescens

TH = Trichoderma harzianum BS = Bacillus subtilis

TL = Trichoderma longibrachyatumC = Controlo

4.5.1.1.3. Método do agente patogénico no centro

Os resultados apresentados na Tabela-4.8 e na Fig-4-C [Placa- VI (C)] revelaram que todos os antagonistas testados contra P. anacardii foram significativamente superiores ao controlo. O menor crescimento do patógeno foi registrado em T. viride (7,75 mm), que foi estatisticamente igual a P. fluorescens (8,25 mm) e T. harzianum (9,00 mm), seguido por T. longibrachyatum (11,50 mm), que foi igual a B. subtilis (11,75 mm).T. viride mostrou inibição máxima de crescimento (86,81 %) após 5 dias de incubação e pareceu ser o mais superior a todos os antagonistas testados, seguido por P. fluorescens (85,96 %), T. harzianum (84,68 %), T. longibrachyatum (80,43 %), B. subtilis (80,00%), por ordem decrescente de inibição do crescimento de P. anacardii, o que indica claramente que todos os antagonistas testados por três métodos diferentes se revelaram eficazes contra P. anacardii e podem ser úteis como potenciais agentes de controlo biológico. Na cultura dupla e no método do agente patogénico na periferia, P. fluorescens, T. viride e T. harzianum foram considerados altamente antagónicos, enquanto que, no método do agente patogénico no centro, T. viride, P. fluorescens e T. harzianum provaram ser altamente antagónicos contra P. anacardii, Kyada (2006), Ping et al. (2007), Sanjay et al. (2008) e Rokade (2009) para antagonismo contra Pestalotia sp.

Tabela - 4.8: Efeito do antagonista contra o P.anacardii in vitro (agente patogénico no centro)

Sr. Não.	Organismo de teste	Diâmetro médio das colónias (mm)	Inibição do crescimento (%)
1	Trichoderma viride Pers.Fr (isolado de Navsari)	2.87* (7.75)**	86.81
2	Trichoderma harzianumRifai (isolado de Navsari)	3.08 (9.00)	84.68
3	Trichoderma longibrachyatum	3.46 (11.50)	80.43
4	Pseudomonas fluorescens (isolado de Navsari)	2.95 (8.25)	85.96
5	Bacillus subtilis (isolado de Navsari)	3.50 (11.75)	80.00
6	Controlo	7.70 (58.75)	-
	S.Em.±	0.08	
	C.D. a 5 %	0.25	
	C.V %	4.30	

* Os números fora do parêntesis indicam valores transformados SQR+ 0,5

**Os valores entre parêntesis indicam os valores originais

Fig. 4 (C) Efeito do antagonista contra o P.anacardii in vitro (agente patogénico no centro)

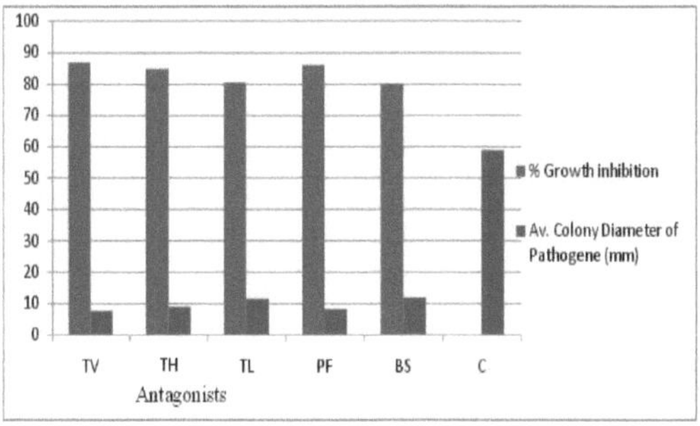

TV = Trichoderma viride PF = Pseudomonas fluorescens

TH = Trichoderma harzianum BS = Bacillus subtilis

TL = Trichoderma longibrachyatum C = Controlo

Placa-VI (A, B & C): Efeito do antagonista contra P. anacardii in vitroA = Método de cultura dupla

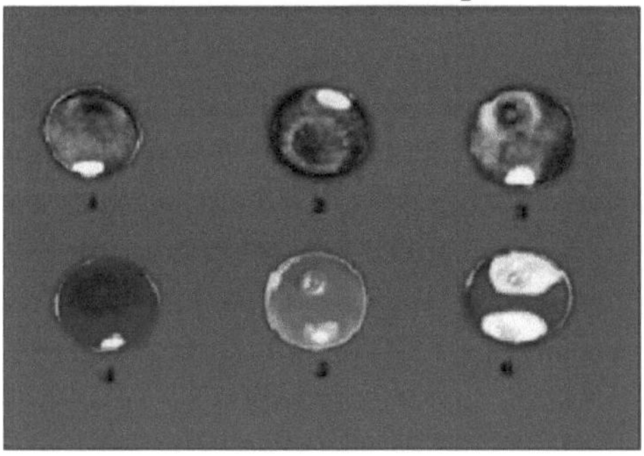

1. **Trichoderma viride Pers.Fr (isolado de Navsari)**
2. **Trichoderma harzianum Rifai (isolado de Navsari)**
3. **Trichoderma longibrachyatum**
4. **Pseudomonas fluorescens (isolado de Navsari)**
5. **Bacillus subtilis (isolado de Navsari)**
6. **Controlo**

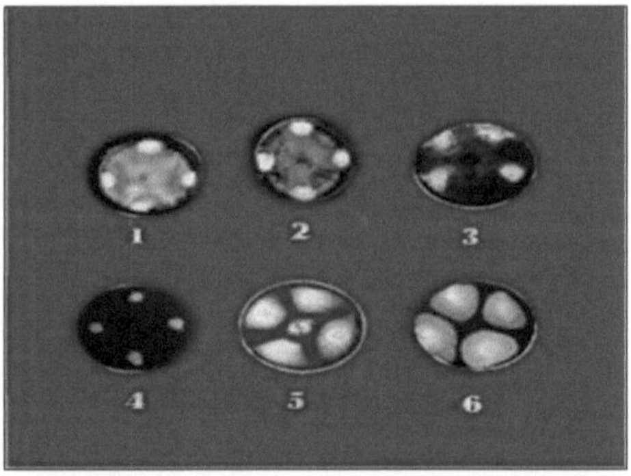

B = Método do agente patogénico na periferia

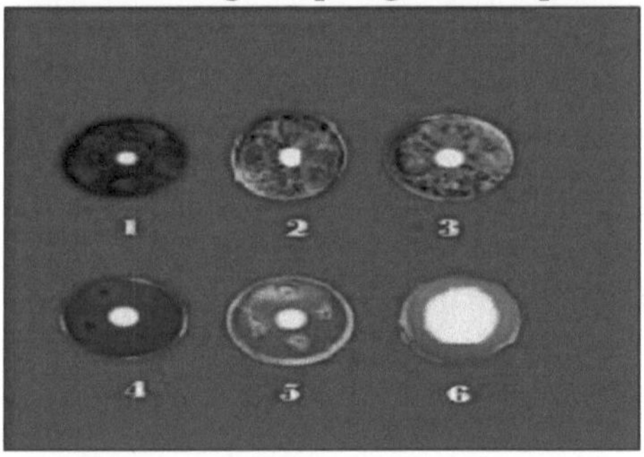

C = Método do agente patogénico no centro

1. Trichoderma viride Pers.Fr (isolado de Navsari)

2. Trichoderma harzianum Rifai (isolado de Navsari)

3. Trichoderma longibrachyatum

4. Pseudomonas fluorescens (isolado de Navsari)

5. Bacillus subtilis (isolado de Navsari)

6. Controlo

4.5.1.2 Efeito de produtos botânicos contra P. anacardii in vitro

Na presente investigação, onze substâncias botânicas (fitoextratos) de várias espécies de plantas com controlo adequado foram analisadas pela técnica de alimentos envenenados in vitro para conhecer o seu efeito inibidor no crescimento de P. anacardii. Os resultados apresentados na Tabela-4.9 e na Fig.-5 [Placa-VII] mostraram que, de onze extractos de plantas, seis extractos de plantas inibiram significativamente o crescimento do fungo em relação ao controlo. Entre os fitoextratos eficazes, o menor crescimento micelial de P. anacardii foi registado no extrato de alho (44,33 mm), que foi significativamente superior aos restantes tratamentos. O próximo melhor em ordem de mérito foi o neem (51,00 mm) seguido por nilgiri (64,00 mm) e tulsi (67,33 mm). Seguiu-se a curcuma (72,12 mm) que, por sua vez, foi estatisticamente igual à lantana (76,00 mm), enquanto a datura (82,00 mm) foi menos eficaz contra P. anacardii. Karanj, jetropha, calêndula e ardusi foram considerados ineficazes.O extrato de alho produziu uma inibição máxima do crescimento (49,81%), seguido pelo neem (42,26%), nilgiri (27,54%) e tulsi (23,77%). A partir desta experiência, é evidente que os extractos de alho (Allium sativum L.), neem (Azadirachta indica L.), nilgiri (Eucalyptus citridora Hook) e tulsi (Ocimum sanctum L.) podem ter alguns fortes

Tabela 4.9: Efeito do botânico contra P. anacardii in vitro

Sr. Não.	Nome local	Nome botânico	Diâmetro médio das colónias (mm)	Inibição do crescimento em relação ao controlo (%)
1	Neem	Azadirachta indica L.	7.18* (51.00)**	42.26
2	Tulsi	Ocimum sanctum L.	8.24 (67.33)	23.77
3	Alho	Allium sativumL.	6.70 (44.33)	49.81
4	Nilgiri	Eucalipto citridora Gancho	8.03 (64.00)	27.54
5	Karanj	Pongamia glubra L.	9.10 (82.33)	6.79
6	Datura	Datura stamoneum L.	9.08 (82.00)	7.17
7	Pinhão-manso	Jetropha curcas L.	9.17 (83.67)	5.27
8	Lantana	Lantana camera L.	8.75(76.00)	13.96
9	Calêndula	Tagets erecta L.	9.28 (85.67)	3.01
10	Ardusi	Adhatoda vasica L.	9.44 (88.67)	00
11	Cúrcuma	Curcuma longa L.	8.63 (74.00)	16.22
12	Controlo	-	9.42 (88.33)	-
	S.Em. ±		0.06	
	C.D. a 5%		0.16	
	C.V %		1.11	

* Os números indicam valores transformados SQR + 0,5

**Os valores entre parêntesis indicam o valor original

Fig.5: Efeito do produto botânico contra P. anacardii in vitro

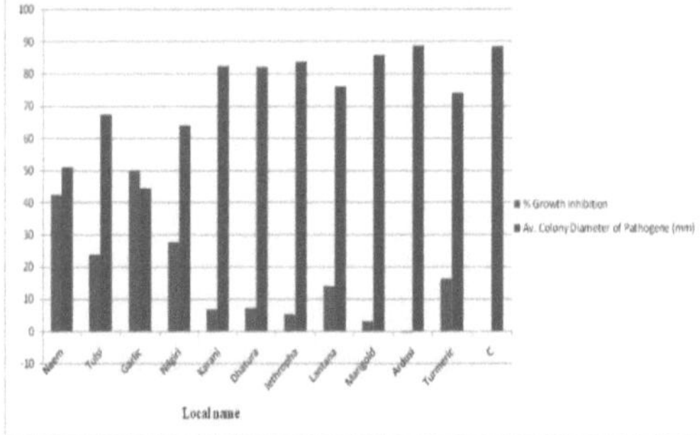

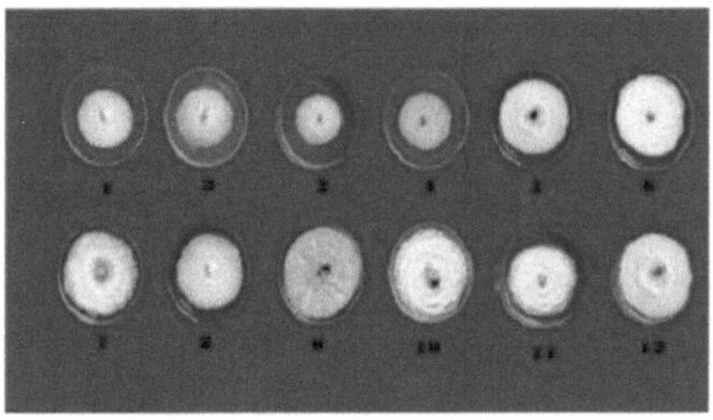

Placa -VII: Efeito dos botânicos contra P. anacardii in vitro

1. Neem7. Pinhão-manso

2. Tulsi8. Lantana

3. Alho9. Malmequeres

4. Nilgiri10.Ardusi

5. Karanj11. Açafrão-da-terra

6. Datura12. Controlo

Princípio tóxico que afecta diretamente o crescimento de P. anacardii, o agente causal do míldio cinzento da folha da manga. Patel (1988) também relatou que o extrato de bolbo de alho (Allium sativum L.) foi o mais inibidor do crescimento de P. mangiferae entre dezoito fitoextratos testados in vitro pelo método do disco de papel de filtro. Resultados semelhantes foram registados por Rai (1996), onde Eucalyptus globulus (88%), Ocimum sanctum (85,50%) e Azadirachta indica (84,66%), testados entre 17 extractos de plantas medicinais contra Pestalotiopsis mangiferae, causadora da mancha foliar da mangueira, foram os mais eficazes. Rokade (2009) verificou que o extrato de alho (Allium sativum L.), neem (Azardirachta indica Juss.) e curcuma (Curcuma longa L.) foram mais eficazes contra P. palmarum in vitro. Os resultados do presente estudo também estão de acordo com os relatórios anteriores. Estes extractos de plantas devem ser experimentados em estufa e no campo para desenvolver fungicidas botânicos.

4.5.2 Gestão de produtos químicos

4.5.2.1. Eficácia de fungicidas contra P. anacardii in vitro

No presente estudo, nove fungicidas de três categorias diferentes, a saber, quatro sistémicos, três não sistémicos e duas formulações mistas, com as suas três concentrações, foram testados in vitro quanto à sua eficácia contra P. anacardii através da técnica de alimentos envenenados. As observações do crescimento radial foram registadas em milímetros e a percentagem de inibição do crescimento em relação ao controlo foi calculada, o que é apresentado no Quadro-4.10, Fig.-6 [Placa- VIII].Todos os fungicidas avaliados reduziram significativamente o crescimento de P. anacardii em comparação com o controlo, mas todos os fungicidas e as suas concentrações diferiram significativamente entre si. Entre todas as concentrações, a concentração mais elevada de cada fungicida produziu a inibição máxima do crescimento do agente patogénico. Entre eles, carbendazim (Bavistin 50%WP), tiofanato metílico (Topsin-M 70% WP), oxicloreto de cobre (Blitox 50% WP), hidróxido de cobre (Kocide 77% WP), carbendazim 12% + mancozeb 63% (SAAF 75% WP), cimoxanil 8% + mancozebe 64% (Curzat M8 72% WP) em todas as três concentrações e hexaconazol (Contaf 5% EC) a uma concentração de 1000 ppm inibiram o crescimento de cêntimos por cento do agente patogénico e revelaram-se fortemente fungitóxicos.O crescimento micelial significativamente menor foi registado no hexaconazol (Contaf 5 % EC) a 500 ppm (6,00 mm) seguido do hexaconazol (Contaf 5 % EC) a 250 ppm (6,67 mm) contra P. anacardii. Os tratamentos com propiconazole (Tilt 25 % EC) e mancozeb (Dithane M 45 75 % WP) foram menos eficazes contra P. anacardii em todas as doses testadas.Considerando o efeito dos fungicidas no crescimento de P. Considerando o efeito dos fungicidas sobre o crescimento de P. anacardii, carbendazim (Bavistin 50% WP), tiofanato metílico (Topsin-M 70% WP), oxicloreto de cobre (Blitox 50% WP), hidróxido de cobre (Kocide 77% WP), carbendazim 12% + mancozeb 63% (SAAF 75% WP), cimoxanil 8% + mancozeb 64% (Curzat M8 72% WP) provaram ser os mais eficazes, seguidos de hexaconazol (Contaf 5% EC).Estes resultados estão em conformidade com os de trabalhos anteriores. Das e Mahanta (1985), bem como Patel (1988) referiram que a Bavistina era eficaz contra o crescimento de P. palmarum e P. mangiferae, respetivamente. Khalequzamman et al. (2003) observaram que, de entre seis fungicidas, o Bavistin 50% WP (carbendazim) 0,1 por cento foi o melhor no controlo da mancha foliar da sapota causada por Pestalotia sapotae. Kyada (2006) referiu que os fungicidas sistémicos; tanto o carbendazim como o tiofanato metílico e as combinações de fungicidas, carbendazim + mancozebe e iprodina + carbendazim foram mais eficazes contra Pestalotiopsis guepinii. Pandey et al. (2006) e Rokade (2009) também registaram que Bavistin 50% WP (carbendazim), oxicloreto de cobre, MEMC e carbendazim 12% + mancozebe 63% foram completamente inibidores de Pestalotiopsis sp.

Tabela-4.10: Eficácia de sistémica, não sistémica e combinação de fungicidas in vitro contra P.anacardii

Tratamento	Nome técnico	Concentração	Diâmetro médio das colónias (mm)	Percentagem de inibição em relação ao controlo (%)
Fungicidas sistémicos				
T1	carbendazim	250	0.71*(0.0)**	100.00
		500	0.71 (0.0)	100.00
		1000	0.71 (0.0)	100.00
T2	propiconazol	250	6.82 (46.00)	48.13
		500	6.54 (42.33)	52.26
		1000	6.01 (35.67)	59.77
T3	tiofanato de metilo	250	0.71 (0.0)	100.00
		500	0.71 (0.0)	100.00
		1000	0.71 (0.0)	100.00
T4	hexaconazol	250	2.68 (6.67)	92.48
		500	2.54 (6.00)	93.23
		1000	0.71 (0.0)	100.00
Fungicidas não sistémicos				
T5	mancozebe	1000	8.03 (64.00)	27.82
		1500	7.54 (56.33)	36.47
		2000	6.04 (36.00)	59.40
T6	oxicloreto de cobre	1000	0.71 (0.0)	100.00
		1500	0.71 (0.0)	100.00
		2000	0.71 (0.0)	100.00
T7	hidróxido de cobre	1000	0.71(0.0)	100.00
		1500	0.71 (0.0)	100.00
		2000	0.71 (0.0)	100.00
Fungicidas não sistémicos + sistémicos (produtos combinados)				
T8	Carbendazim 12% +	250	0.71 (0.0)	100.00
		500	0.71 (0.0)	100.00
	mancozebe 63%	1000	0.71 (0.0)	100.00
T9	cimoxanil 8% + mancozebe	250	0.71 (0.0)	100.00
		500	0.71 (0.0)	100.00

	64%	1000	0.71 (0.0)	100.00
T10	Controlo	-	9.44(88.67)	-
	S.Em. ± C.D em % C.V. %		0.03 0.08 2.20	

Fig. 6: Eficácia dos fungicidas contra P. anacardii in vitro

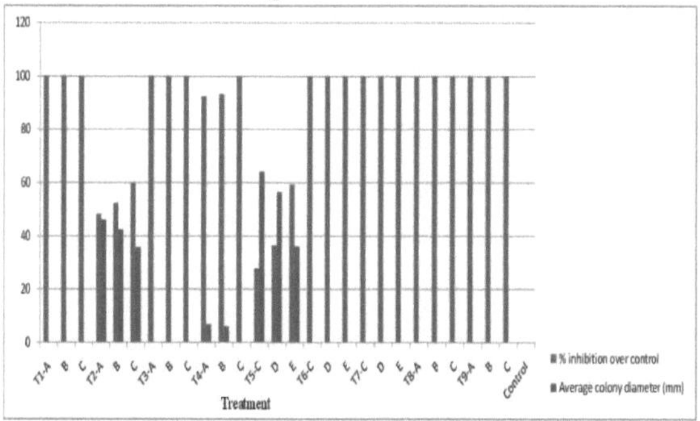

Concentração (ppm) T1 Bavistin 50% WP (carbendezim) T6 Blitox 50% WP (oxicloreto de cobre)A 250 T2 Tilt 25% EC (Propiconazol) T7 Kocide 77% WP (Hidróxido de cobre) T3 Topsin-M 70% WP (Tiofanato metílico) T8 SAAF 75% WP (Carbendezim 12% + Mancozebe 63%) C1000 T4 Contaf 5% CE (Hexaconazol) T9 Curzat M8 72% WP (Cymoxanil 8% + Mancozebe 64%) D 1500 T5 Dithane M 45 75% WP (Mancozebe) T10 Controlo E 200

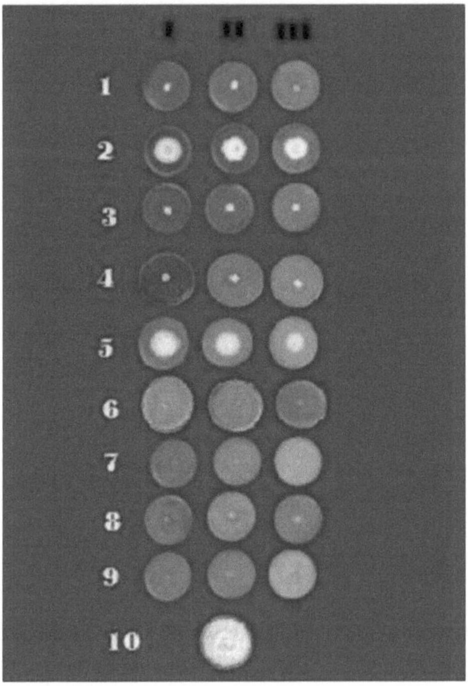

Placa VIII: Eficácia dos fungicidas contra P. anacardii in vitro

Fungicida sistémico Concentração (ppm)

I IIII

1. Bavistina 50% WP 250 500 1000
2. Inclinação 25% CE 250 500 1000
3. Topin-M70% WP 250 500 1000
4. Contaf 5% CE 250 500 1000

Fungicida não sistémico

5. Dithane M 45 75%WP 1000 1500 2000
6. Blitox 50% WP 1000 1500 2000
7. Kocide 77% WP 1000 1500 2000

Fungicida não sistémico + sistémico (produto combinado)

8. SAAF 75% WP 250 500 1000
9. Curzat M8 72% WP 250 500 1000
10. Controlo

V.RESUMO E CONCLUSÃO

O caju é uma importante cultura frutícola que sofre da doença do míldio cinzento das folhas numa proporção considerável no sul de Gujarat. Tendo em conta este facto, as presentes investigações foram levadas a cabo em vários aspectos para gerar informação científica sobre este importante problema patológico. Os aspectos deste estudo foram a sintomatologia, a identificação do organismo causal, os estudos fisiológicos do organismo e as medidas de controlo biológico e químico. O isolamento de tecidos de folhas infectadas de cajueiro deu origem a uma cultura de Pestalotia anacardii. A doença apareceu inicialmente como manchas minúsculas espalhadas na lâmina foliar a partir da margem e das pontas das folhas de mangueira, de cor preta escura a castanha clara. Gradualmente, a infeção avançou para ambas as margens das folhas, cobrindo a maior parte da área foliar, e a cor da folha tornou-se cinzenta prateada com pontos pretos semelhantes a cabeças de alfinete, resultando na secagem das folhas e na perda de fixação ao ramo. As manchas variavam em tamanho, de alguns mm a cm de comprimento, e coalesciam envolvendo uma área maior, levando à praga das folhas e, por fim, à sua queda. Com base nas caraterísticas morfológicas e nos caracteres culturais, o agente patogénico isolado das folhas de cajueiro infectadas foi identificado como Pestalotia anacardii. O fungo Pestalotia anacardii produziu inicialmente colónias hialinas que mais tarde se tornaram brancas com um aspeto liso em PDA. A parte inferior das colónias era de cor castanha clara. O crescimento fúngico branco cobriu toda a placa de Petri (90 mm) em oito dias (27±2°C) de incubação. O micélio do fungo Pestalotia anacardii era branco, ramificado e septado, com 2,1 -3,2 µm de largura e conidióforos curtos e cilíndricos. Poucos acérvulos foram observados como pequenos, pretos, circulares a globosos, com 24,3 a 33,2 µm de diâmetro. Os conídios eram tricelulares a quadricelulares, fusiformes, retos ou ligeiramente curvos, medindo 20,2 -24,4 x 7,2-11,1 µm (média 23,12 x 8,21 µm). As três células medianas eram coloridas, castanho-oliváceas, constringidas perto dos septos e mediam 17,4-19,5 µm de comprimento, as células apicais e basais tinham paredes finas e eram hialinas. A patogenicidade do fungo Pestalotia anacardii isolado das folhas infectadas com a praga da folha cinzenta foi realizada nas folhas de cajueiro saudável com três métodos diferentes, nomeadamente, picada de alfinete, ferimento com escova de dentes e ferimento com pó de carborundum e foram mantidos controlos adequados apenas com pulverização de água destilada esterilizada. O agente patogénico Pestalotia anacardii foi capaz de infetar as folhas de cajueiro através de todos os métodos testados e o método da picada de alfinete foi eficaz a cem por cento para o desenvolvimento da doença da praga da folha cinzenta em folhas de cajueiro saudáveis. A lesão por escova de dentes em folhas de cajueiro relativamente rígidas não foi suficiente para causar a entrada e a colonização bem sucedidas de P. anacardii e resultou em pouca infeção (60,00 %) e desenvolvimento de sintomas, ao passo que a lesão por pó de carborundum proporcionou uma infeção suficiente do agente patogénico nas folhas de cajueiro (73,33 %).Com base nas informações acima, conclui-se que o método de inoculação pin prink (100%) é mais eficiente para desenvolver a doença. Dez meios diferentes, incluindo sintéticos e semi-sintéticos em estado sólido, foram avaliados para procurar os meios adequados para o crescimento e a esporulação do fungo P. anacardii. Entre todos os meios sólidos testados, obteve-se um crescimento micelial significativamente máximo no meio de ágar dextrose de batata, seguido do meio de ágar de Richards, do meio de ágar Dox de Czapeck, do meio de ágar de Asthana e Hawker, do meio de ágar de extrato de folhas do hospedeiro e do meio de ágar de Elliot. Registou-se uma excelente esporulação em ágar dextrose de batata, enquanto se registou uma boa esporulação em meio de ágar de Richards e em meio de ágar de Elliot. Não se registou qualquer esporulação no meio de ágar de farinha de aveia. Considerando o desempenho global dos diferentes meios em estado sólido, os meios de ágar dextrose de batata, ágar de Richards e ágar de Czapeck (Dox) foram considerados os melhores para o crescimento e a esporulação de P. anacardii.Concluiu-se que o ágar dextrose de batata (88,33 mm), o ágar de Richards (77,33 mm) e o ágar de Czapeck (Dox) (75,33 mm) eram os melhores para o crescimento e a esporulação de P. anacardii. Observou-se um crescimento micelial significativamente mais elevado de P. anacardii à temperatura ambiente média, ou seja, 27 ± 20C, que se verificou ser equivalente à temperatura de 300C, seguida da temperatura de 250C e da temperatura de 350C. O crescimento fraco a moderado de P. anacardii foi observado à temperatura de 200C, seguida de 400C. Entre todos os regimes de temperatura, foi registada uma excelente esporulação à temperatura ambiente média (27 ± 20C) e à temperatura de 300C, enquanto que foi observada uma boa esporulação à temperatura de 250C e uma esporulação moderada à temperatura de 350C. Com base nos resultados do estudo, conclui-se que o patógeno Pestalotia anacardii apresentou maior crescimento e excelente esporulação à temperatura ambiente média (27 ± 2°C) (87,67 mm). Os estudos de pH indicaram que o fungo pode crescer e esporular em uma ampla faixa de pH de 5 a 8. Com base nesta informação, conclui-se que o pH 5 e o pH 6 são os mais eficazes para a doença. Cinco antagonistas conhecidos, nomeadamente T.

viride, T. harzianum, T. longibrachyatum, P. fluorescens e B. subtilis, foram analisados in vitro quanto ao seu antagonismo contra P. anacardii através de três métodos diferentes: cultura dupla, patógeno na periferia e patógeno no centro. Na cultura dupla e no método do patógeno na periferia, P. fluorescens, T. viride e T. harzianum foram considerados altamente antagónicos, enquanto que, no método do patógeno no centro, T. viride, P. fluorescens e T. harzianum provaram ser altamente antagónicos contra P. anacardii. Com base no resultado do estudo, conclui-se que T. viride (86,81%), P. fluorescens (85,96%) e T. harzianum (84,68%) provaram ser altamente antagónicos contra P. anacardii. Onze substâncias botânicas (fitoextratos) de várias espécies de plantas com controlo adequado foram analisadas pela técnica de alimentos envenenados in vitro para conhecer o seu efeito inibidor no crescimento de P. anacardii. Sete extractos de plantas inibiram significativamente o crescimento do fungo em relação ao controlo. Os extractos de alho (Allium sativum L.), neem (Azadirachta indica L.), nilgiri (Eucalyptus citridora Hook) e tulsi (Ocimum sanctum L.) foram eficazes e podem ter algum princípio tóxico forte presente que afectou diretamente o crescimento de P. anacardii, o agente causal da praga cinzenta das folhas do cajueiro. Verificou-se que Karanj, jetropha, calêndula, lantana, curcuma e ardusi eram ineficazes. Com base na informação acima referida, conclui-se que o alho (49,81%), o neem (42,26%), o nilgiri (27,54%) e o tulsi (23,77%) são mais eficazes contra o agente patogénico. Nove fungicidas de três categorias diferentes, a saber, quatro sistémicos, três não sistémicos e duas formulações mistas com três concentrações, foram testados in vitro contra P. anacardii através da técnica de alimentos envenenados. Todos os fungicidas avaliados reduziram significativamente o crescimento de P. anacardii em comparação com o controlo, mas todos os fungicidas e as suas concentrações diferiram significativamente entre si. Considerando o efeito dos fungicidas no crescimento de P. anacardii, carbendazim (Bavistin 50 % WP), tiofanato metílico (Topsin-M 70 % WP), oxicloreto de cobre (Blitox 50 WP), hidróxido de cobre (Kocide 77 % WP), carbendazim 12% + mancozeb 63% (SAAF 75 % WP), provaram ser os mais eficazes em todas as concentrações testadas, seguidos de hexaconazol (Contaf 5 % EC). O propiconazol (Tilt 25 % EC) e o mancozebe (Dithane M 45 75 % WP) foram os menos eficazes contra P. anacardii em todas as três concentrações testadas. Com base nas informações acima referidas, concluiu-se que o carbendazime (100%), o tiofanato metílico (100%), o oxicloreto de cobre (100%), o hidróxido de cobre (100%), o carbendazime 12% + mancozebe 63% (100%) são os mais eficazes contra o agente patogénico.

BIBILIOGRAFIA

Agarwal, G. P. e Hasija, S. K. (1974). Um novo registo de Pestalotiopsis versicolor (Speg.) Steyart em citrinos. Current Sci., **43**(2): 50.

Asalmol, M. N.; Sen, B. e Awasthi, J. (1990). Papel da temperatura e do pH no antagonismo de Aspergillus niger e Trichoderma viride contra Fusarium solani. Proc. All India Phytopathol. Soc., (West Zone). M.P.A.U., Pune. pp. 11-13.

Bera,S. e Purukayastha, R. P. (1992). Estudos fisiológicos sobre estirpes de Pestalotiopsisversicolor isoladas de uma planta de mangue. Jr. of Mycopathological Research ,**30**(2): 157-165.

Das, C. M. e Mahanta, I. C. (1985). Evaluation of some fungicides against Pestalotia palmarum Cke., incitant of grey blight of coconut. Pesticides, **16**(3): 37-38.

Dennis, C. e Webster, J. (1971). Propriedades antagónicas de grupos de espécies de Trichoderma III interação hifal. Trans. Brt. Mycol. Soc., **57**: 363-369.

Gehlot, P. e Purohit, D. K. (2002). Ultra-estrutura de conídios e ontogenia de conídios de Pestalotiopsis palmarum. Indian Phytopath, **55** (3): 303-305.

Ghani, M. Y. e Tandon, I. N. (1989). Estudos culturais e fisiológicos sobre Pestalotiopsis disseminata que causa a mancha foliar do pêssego. Plant Dis. Res., **4**(2): 189-190.

Hopkins, K. E. e Mcquilken, M. P. (2000). Caraterísticas de Pestalotiopsis associadas a plantas ornamentais resistentes no Reino Unido. European J. Pl. Pathol, **106**(1): 77-85.

Jeamjitt, O.; Manoch, L.; Visarathanonth, N.; Chamswarng, C. e Pikulkiln, S. (2007). Fungos Coprophilus e efeito antagonista de Sordaria fimicola contra fungos patogénicos de plantas in vitro. In Proceedings of the 45th Kasetsart University, Annual Conference, Bangkok, Thailand,pp.1-18.

Karaca, G. H. e Erper, I. (2001). Primeiro relatório de Pestalotiopsis guepinii que causa o míldio do ramo em avelãs e nozes na Turquia. Plant Pathology, **50**(3): 415.

Karthikeyan, A. e Bhaskaran, R. (1999). Avaliação de fungicidas no controlo da doença do míldio foliar do coqueiro causada por Pestalotiopsis palmarum (Cooke) Stey. Indian Coconut, Cochin, **28**(9):6-8.

Khalequzamman, K. M.; Md Khalim Uddin; Hossain, M. S.; Islam, M. S. e Rashid, M. H. (2003). Incidência anual e efeito de fungicidas no controlo da mancha foliar da sapota. Asian J. Plant Sci., **2**(5): 442-444.

Ko, Y. Yao KS, Chen CY, Lin CH (2007). Primeiro Relatório da Mancha

Cinzenta da Folha da Manga (Mangifera indica L.) Causada por Pestalotiopsis mangiferae em Taiwan. Canadian J. Plant Pathol. **30**(4): 519-525

Kyada, J. Z. (2006). Investigação sobre o míldio cinzento (Pestalotiopsis guepinii (desm.) stey.) da manga (Mangifera indica L.). Tese de Mestrado apresentada à J.A.U., Junagadh, pp.19-64.

Mishra, B. e Chhotaray, P. K. (1989). Uma nota sobre o efeito do pH e da temperatura no crescimento e na esporulação de Pestalotiopsis mangiferae que causa a doença do míldio cinzento da manga. Orissa J. Agril Res. **2**(1): 78-79.

Murugan, M. e Muthumary, J. (2003). Estudos sobre a morfologia do desenvolvimento dos conidiomas em Pestalotiopsisuvicola com uma nota sobre a ultra-estrutura dos conídios e da célula conidiogénica. J. Mycol. Pl. Pathol., **33**(2): 204- 211.

Okigbo, R. N. e Osuinde, M. I. (2003). Doenças fúngicas das manchas foliares da mangueira (Mangifera indica L.) no sudeste da Nigéria e controlo biológico com Bacillus subtilis. Pl. Prot. Sci., **39**(2): 70-77.

Pandey, A.; Shukla, A. N. e Chandra, S. (2006). Pestalotiopsis Stem canker of Jatropha curcas. Indian Forester, **132**(6): 763-766.

Patel, R. B. (1988). Estudos sobre a mancha cinzenta da folha da manga Pestalotiopsis mangiferae (Henn.) SteyaertD e o seu controlo. Tese de Mestrado, G.A.U., Navsari, pp-12-71.

Ping, J.; Xiaoqin, W.; Jianren, Y. e Jiangmei, S. (2007). Rastreio de micróbios antagónicos a dois tipos de agentes patogénicos do pinheiro. Jornal da Universidade Florestal de Nanjing (Edição de Ciências Naturais), **31**(1): 59-62.

Rai, M. K. (1996). Avaliação in vitro de extractos de plantas medicinais contra Pestalotiopsis mangiferae. Hindustan Antibiotics Bulletin, **38**(1/4): 53-56.

Rokade, R. A. (2009) Investigação sobre a mancha foliar cinzenta/queimadura do coqueiro (Cocos nucifera Linn.) causada por Pestalotia palmarum (Cooke) Steyaert nas condições de Gujarat do Sul. Tese de mestrado apresentada à N.A.U., Navsari, pp.12-78.

Sanjay, R.; Ponmurugan, P. e Baby, U. I. (2008). Avaliação de fungicidas e agentes de biocontrolo contra a doença do míldio cinzento do chá no campo. Crop Protection, **27**(3-5): 689-694.

Sarkar, A. (1960). Doença da mancha foliar de Mangifera indica L. causada por Pestalotia mangiferae Butl. Lloydia, **23**:1-7.

Sawant N. V. e Raut, S. P. (1995). Estudos sobre Pestalotiopsis mangiferae Butl. J. Maharashtra Agric. Univ., **20**(1): 126-128.

Suriachandraselvan, M.; Bhaskaran, R. e Ramadoss, N. (1993). Seleção laboratorial de fungicidas contra o míldio cinzento do coqueiro. Madras Agric. J., **80**(4): 240-241.

Swain, P.(1975). Tese de Mestrado (Agri), O.U.A.T., Bhubaneswar, pp. 23-81.

Taehyun, C.; Taeheon, L. e Bongkoo, C. (1998). Factores ambientais que afectam a germinação conidial de Pestalotiopsis theae que causa o míldio foliar no diospireiro. Korean J. Pl. Pathol, **14**(2): 120- 124.

Tandon, R. N. (1961). Monografia do Comité de Investigação Científica, Allahabad.

Upadhyay, R. K. e Dwivedi, R. S. (1980). Estudos culturais e taxonómicos sobre Pestalotiopsis funerea que causa a mancha foliar de Eucalyptus globulus. Actas da Academia Nacional de Ciências da Índia, **46**(3): 397- 404.

Urbasch, I. (1985). Efeito antagónico de Trichothecium roseum (Pers.) Link ex Grey sobre Pestalotia funerea. Phytopathogische Zeitschrift, **113**(4): 343-347.

Vincent, J. M. (1927). Distorção de hifas de fungos na presença de certos inibidores. Nature, pp. 159-850.

Younis, M.; Mehmood, K.; Rashid, A. e Waseem, M. A. (2004). Estudos fisiológicos sobre Pestalotia psydii e seu controlo químico. International J. Agri. Biol, **6** (6): 1107-1109.

MIX
Papier aus verantwortungsvollen Quellen
Paper from responsible sources
FSC® C105338

Printed by Books on Demand GmbH, Norderstedt / Germany